中国名城建构解析

赵新良　赵克进　马桂新　著

中国建筑工业出版社

图书在版编目（CIP）数据

中国名城建构解析 / 赵新良，赵克进，马桂新著.
北京：中国建筑工业出版社，2019.6
ISBN 978-7-112-23653-4

Ⅰ. ①中… Ⅱ. ①赵… ②赵… ③马… Ⅲ. ①建
筑文化 — 研究 — 中国 Ⅳ. ① TU-092

中国版本图书馆CIP数据核字（2019）第080274号

责任编辑：戚琳琳 率 琦
责任校对：芦欣甜

中国名城建构解析
赵新良 赵克进 马桂新 著
*
中国建筑工业出版社出版、发行（北京海淀三里河路9号）
各地新华书店、建筑书店经销
北京点击世代文化传媒有限公司制版
北京中科印刷有限公司印刷
*
开本：787×1092毫米 1/16 印张：13¾ 字数：276千字
2019年6月第一版 2019年6月第一次印刷
定价：88.00 元
ISBN 978-7-112-23653-4
（33958）

前　言

中国改革开放 40 年来，随着城市化步伐的加快，全国各地城市面貌日新月异，城市规划设计进入新的历史时期，地域建筑文化的现代化迈上新的台阶。正如 2001 年诺贝尔奖获得者斯蒂格利茨所说，以美国为首的新技术和中国的城镇化，并列为影响 21 世纪人类文明进程的两件大事。联合国秘书长助理恩道说，城市化可能是无可比拟的未来光明前景之所在；也可能是前所未有的灾难之凶兆。在 21 世纪，城市设计和标志性建筑的竞争，表面上是技术与经济的竞争，实质上是城市精神与地域文化的较量。生活城市、幸福城市、人文城市、平安城市、魅力城市和浪漫之都等城市建设新理念层出不穷，就是针对汹涌而来的城市功能危机、城市形态危机、城市文化危机和城市生态危机的反思与应答。

一些决策者搞不明白，好中选优、巨资聘用国际大师设计的，充分展示了锐意进取、开放情怀、现代情趣的创意建筑，怎么就成了人们口中的“可乐瓶子”、“小蛮腰”？招商引资、攻坚克难打造显现城市财富、宽广视野、技术层次、管理能力、领导魄力新高度的摩天大楼，怎么就会落入楼市泡沫和经济衰退前兆的劳伦斯魔咒？呕心沥血、精心策划的城市新轴线、景观大道、花园广场、标志性建筑组合的现代城市新形象，怎么就会被戴上城市美化运动、彰显帝王荣耀的政绩工程的大帽子？长袖善舞进行的土地置换、市场化运作、低成本建造的经济适用房塔楼、板式楼群，怎么就会被说成千楼一面、集体文化失忆、逆向选择的合谋？这究竟是怎么一回事？

我们在城市化进程中提高社会治理的能力和水平，追求以人为本的发展、科学发展、和谐发展、可持续发展，需要清醒地认识“城市让生活更美好”的时代追求和建构的科学文化本质，综合分析城市、园林、建筑系统蕴含的建筑技术、建筑艺术和人文关怀、生态情怀，提高总体把握、鉴赏评价城市建构的文化自觉性和科学自觉性；需要总结提炼中国名城建构生动传神的民族性、地域性建筑语汇和符号，传承渊源深厚的中国传统建筑文化中的人合于天、情境交融、因地制宜、因材适用、巧于因借等建筑意匠和营造技艺，珍视中国名城和经典建筑蕴藏的生存智慧、生态策略、审美情趣、环境伦理、哲思意蕴，增强中华文明的文化自信力和精神回归的自觉性；需要回顾中国城市现代化的勤奋探索和历史轨迹，认真总结建筑市场对外开放历史进程的成功经验和惨痛教训，以利坚定信心、继往开来，谱写现代性、地域性特色鲜明的城乡建设神韵华章。

把文化作为民族凝聚力和创造力的不竭源泉，增强文化自觉、文化自信就是时代重任，搞好新时代富有中国地域特色的城市建构，需要从理论层面把握城市建构的根本目的和基本原则，把握城市功能、形式、结构、意象的辩证关系，了解国内外建筑理论界争论的范畴、趋势、脉络和焦点，需要寻求城市建构得到普遍认同的价值取向、评价标准、思维方式、视界掌控、专业素养和决策依据。

我曾经担任过地级市市长和主管城建、交通、环保、教育的副省长等职务，也做过东北大学、全国市长研修学院的兼职教授，系统研读了相关的名家著述，实地踏查了国内外许多典型城市，结合从政、教学和考察的心得体会，撰写了这本《中国名城建构解析》，力图通过对5个地区21个特色鲜明的中国名城建构的理性阐释和实拍的感性展现，将其作为辨析建筑理论的“理性”传统、歧路思辨和探索方向的读书笔记，作为中国优秀建筑文化与地域特色解读的科普案例汇集，作为地域性建筑语汇符号因地制宜、有机组合、立体展示的导读索引，奉献给直接参与现代城市建构的决策者和咨询评估论证的领导干部、专家和工作团队，奉献给研究比较建构中国特色、乡土情怀宜居城市历史与未来的理论工作者、教师和学生，奉献给关注博大精深的中国建筑文化地域特色和独特物质与精神价值，以期增强广大读者的文化自觉和文化自信。希望大家共同努力，以现代建筑的地域化、乡土建筑的现代化为导向，在21世纪里能更加自觉地营建美好宜居的幸福家园。

沈阳师范大学马桂新教授始终参与本书的实地调研、文献查询、文字处理、图片拍摄等工作；她的环境教育和环境伦理学科专长为本书增色不少。全国市长研修学院王忠平院长、苏会泽处长、赵克进老师以及参加研修的各地主管市长，同样提供了真诚的支持和珍贵的创意。辽宁省政协经济委员会、辽宁省经协办、辽宁省人民政府驻上海办事处、辽宁省人民政府驻广州办事处、广东省辽宁商会，内蒙古自治区辽宁商会、天津市政协办公厅、新疆维吾尔自治区政协办公厅、陕西省法制办、广西壮族自治区旅游局、贵州省《当代贵州》杂志社、杭州市警卫局、赤峰市警卫局等单位的领导和朋友们，在相关城市的田野调查过程中给予了大力支持和无私帮助。各章所列参考文献的作者们富有创意的研究成果，使本书有了坚实的理论基础和清晰的命题。中国建筑工业出版社总编辑和责任编辑的关心和指导，使本书得以高质量出版。在此一并表示诚挚的谢意。

赵新良
2019年3月30日

目 录

前 言

第1章 导 论 …… 010

1.1 城市建构目标：功能为根 …… 012

1.1.1 激发人们实现梦想的力量，创建宜居、高效的和谐家园 …… 012

1.1.2 城市功能的时空定位 …… 014

1.1.3 创意城市、差异化发展 …… 016

1.1.4 城市群：大中小城市如鱼得水 …… 019

1.2 城市建构特色：形式为标 …… 020

1.2.1 城市美化运动的前世今生 …… 020

1.2.2 建筑理论的“理性”传统和现代建筑的歧路徘徊 …… 022

1.2.3 城市形态的艺术维度与奢华建筑迷津 …… 024

1.2.4 功能、形式、结构与建造诗学 …… 026

1.2.5 城市形态、空间谱系、城市机理 …… 027

1.3 城市建构华彩：文化为魂 …… 028

1.3.1 以意匠之美传递意境之美，意蕴之美 …… 028

1.3.2 城市建构的物质文化、制度文化、意识文化 …… 030

1.3.3 农耕时代的城市和西风东渐的民国城市建构 …… 031

1.3.4 前后40年：计划经济体制和市场经济转型期城市困境与出路 …… 033

1.3.5 城市文化与文化城市 …… 035

1.4 城市建构生命：生态为养 …… 037

1.4.1 生态城市的红线绿线 …… 037

1.4.2 能源危机与紧缩型城市 …… 038

1.4.3 第三次工业革命与新城市建构模式 …… 039

1.5 城市建构情怀：以人为本 …… 040

1.5.1 倾诉和协商：寻找价值诉求的交集 …… 040

1.5.2 城市权利：城市建构的民主参与科学决策 …… 042
1.5.3 人居环境和社区规划：新城市主义 …… 043
1.5.4 把握好城市建构的核心要素：理念、资源、制度 …… 044

第2章 长江三角洲城市群的串串明珠 …… 048

2.1 上海市 …… 050
2.1.1 海派建筑、海派文化、海纳百川、追求卓越 …… 050
2.1.2 旧城改造精心策划，文化地产熠熠生辉 …… 052
2.1.3 “四个中心”建设与浦江两岸开发 …… 056
2.1.4 浦东开发与郊区的现代化，总部经济牵动楼宇经济 …… 058
2.1.5 城市建设新高度：超高层建筑群 …… 059
2.2 杭州市 …… 060
2.2.1 “三面云山一面城”，三吴都会“格古韵新” …… 060
2.2.2 西湖、大运河、南宋御街的保护和整治 …… 061
2.2.3 结构形式传承、意蕴象征导引、功能有序扩展、文脉符号展现 …… 063
2.2.4 建设人文杭州，焕发历史文化名城的青春 …… 066
2.2.5 新功能新布局新规划，由“西湖时代”走向“钱塘江时代” …… 068
2.3 宁波市 …… 070
2.3.1 江南沿海滨江名城：独特的城市细部结构和城市肌理 …… 070
2.3.2 整治更新历史街区，挖掘历史文化遗产，构筑长三角最佳休闲旅游地 …… 072
2.3.3 从三江口到杭州湾，发展临港产业集群，构建宁波国际港口都市圈 …… 075
2.4 南京市 …… 077
2.4.1 金陵：十朝都会风韵犹存 …… 077
2.4.2 着力构建国家重要的区域中心城市 …… 078
2.4.3 城市设计以人为本，努力克服“粗、散、乱、空” …… 080
2.4.4 依靠科教引领自主创新，打造高幸福指数城市 …… 081
2.4.5 工业遗产保护与创意产业园 …… 082
2.5 苏州市 …… 083
2.5.1 姑苏古城从“运河时代”走来 …… 083
2.5.2 苏州古城工业遗产的控制性保护 …… 085
2.5.3 苏州工业园区的时尚与现代 …… 087
2.5.4 城市设计走向新高度的质疑 …… 089
2.6 差异化发展、各美其美、合作共赢 …… 090

2.6.1 优势互补，交错发展，合作共赢 …… 090
2.6.2 水乡古镇差异化开发：锦上添花、各美其美 …… 091

第 3 章 珠江三角洲城市群繁星点点 …… 096

3.1 广州市 …… 098
3.1.1 千年商都，天下第一港市 …… 098
3.1.2 西关大屋、东山洋房、广州骑楼与名城今昔 …… 101
3.1.3 拓展城市空间，优化发展格局 …… 104
3.1.4 建设世界文化名城 …… 105
3.2 深圳市 …… 109
3.2.1 深圳速度、深圳效益、深圳质量 …… 109
3.2.2 大鹏所城、南头古城、一街两制、新地标 …… 111
3.2.3 从商圈建设到服务经济的飞跃发展 …… 113
3.2.4 坚持提升品质，打造宜居宜业城市环境 …… 115
3.3 贵阳市 …… 117
3.3.1 夜郎文化，甲楼毓秀 …… 117
3.3.2 山国之都、山体公园、爽爽贵阳 …… 120
3.3.3 营造西南交通枢纽，加速发展特色经济 …… 121
3.3.4 国家战略：贵安新区领跑西部大开发 …… 122
3.3.5 后发赶超，建设全国生态文明示范城市 …… 123
3.4 桂林市 …… 126
3.4.1 灵渠连通长江珠江，昔日广西首府桂花成林 …… 126
3.4.2 千峰环野立，一水抱城流，桂林山水甲天下 …… 127
3.4.3 显山露水、连江接湖、保护山水名城 …… 128
3.4.4 保护漓江，向西发展，开发临桂 …… 130
3.4.5 新规划新起点：国家旅游综合改革试验区、服务业综合改革试点区 …… 131

第 4 章 环渤海经济圈的耀眼明珠 …… 134

4.1 天津市 …… 136
4.1.1 漕运重镇 / 京畿门户 / 洋务基地：近代百年看天津 …… 136
4.1.2 万国建筑博览会 津门故里中国味 …… 137
4.1.3 “国际港口城市，北方经济中心”城市功能转变和“双城两港”空间格局调整 … 140
4.1.4 天津滨海新区构筑 21 世纪改革开放新高地 …… 142

4.2 沈阳市 ········ 143
4.2.1 “共和国长子”、老工业基地、国家新型工业化综合改革试验区 ········ 143
4.2.2 城市总体规划与城市空间布局结构优化调整 ········ 144
4.2.3 铁西老工业基地的凤凰涅槃 ········ 145
4.2.4 打造历史文化名城，发展现代服务业 ········ 147
4.3 大连市 ········ 150
4.3.1 浪漫之都：海韵、广场、足球、时装、商都 ········ 150
4.3.2 别具特色的名城旅游战略规划 ········ 152
4.3.3 开放引领、转型发展、民生优先、品质立市 ········ 154
4.3.4 优化空间开发格局，全力推进全域城市化 ········ 155
4.3.5 构建东北亚重要的国际航运中心 ········ 156
4.4 青岛市 ········ 157
4.4.1 三面葱郁环碧海，一山高下尽红楼 ········ 157
4.4.2 和谐、雅致、宏大、愉悦之美 ········ 160
4.4.3 海洋经济，蓝色梦想 ········ 163
第5章 丝绸路上的重镇 ········ 166
5.1 西安市 ········ 168
5.1.1 梦里长安、华夏故都、山水之城 ········ 168
5.1.2 关中 - 天水经济区、西咸新区，构筑大西安现代产业布局体系 ········ 170
5.1.3 构建特色鲜明的都市框架，提升城市综合服务功能 ········ 171
5.1.4 再创丝绸之路新的辉煌，建设和完善亚欧大陆桥 ········ 173
5.2 兰州市 ········ 175
5.2.1 金城汤池、丝路重镇、黄河文化名城 ········ 175
5.2.2 举全市之力推进兰州新区建设 ········ 177
5.2.3 西部黄河之都的文化遗产保护和文化兰州建设 ········ 178
5.2.4 扩大区域合作，发挥新亚欧大陆桥节点城市优势 ········ 180
5.3 乌鲁木齐市 ········ 181
5.3.1 明月出天山，丝路花雨越千年 ········ 181
5.3.2 抓住新疆板块发展新机遇，落实天山北坡经济带规划 ········ 183
5.3.3 科学跨越、后发赶超，打造全疆引领之地，首善之城 ········ 184
5.3.4 构筑现代化的立体“丝绸之路”，积极参与中西亚区域合作 ········ 185
5.4 喀什市 ········ 186

5.4.1　丝绸路上明珠、维吾尔族风情之都 …… 186
5.4.2　发挥“五口通八国、一路连欧亚”的区位优势，加快经济特区建设 …… 188
5.4.3　坚持文化立市，促进旅游业大发展 …… 191

第 6 章　大漠深处的瑰宝 …… 194

6.1　呼和浩特市 …… 196
6.1.1　历史悠远的草原名城 …… 196
6.1.2　多样性包容性的自治区首府 …… 198
6.1.3　构建中国北疆绿色长城、建设中国乳都 …… 200
6.2　鄂尔多斯市 …… 202
6.2.1　河套文化与宫帐守卫 …… 202
6.2.2　羊、煤、土、气，构建草原新城的魅力 …… 204
6.2.3　“鄂尔多斯现象”的深层反思 …… 205
6.3　赤峰市 …… 207
6.3.1　北京后花园，草原第一都 …… 207
6.3.2　21 世纪城市扩容提质：西移、北扩、东进 …… 209
6.3.3　城镇化与工业化互动，产业园区、物流枢纽、生态屏障相得益彰 …… 211
6.4　克什克腾旗 …… 213
6.4.1　英雄驰骋疆场的历史 河山湖泊构成的风景 …… 213
6.4.2　发掘地域优势，打造旅游品牌 …… 215
6.4.3　实施资源转换战略，全面推进工业化、信息化 …… 219

第1章
导 论

气势如虹的中国城镇化和现代城市建构，不仅关乎中华民族伟大梦想实现的进程，而且影响到 21 世纪人类文明的进程。为了把握以人为本、执政为民、建构宜居城市、繁荣经济文化、不断提高综合竞争能力和投入产出效益，追求可持续发展的光明前景，避免引发巨大的金融、环境风险，我们需要总结提炼中国名城建构如何以意匠之美传递意境之美、意蕴之美，以生动传神的民族性、地域性建筑语汇和符号，传承源远流长的传统建筑文化；需要辨析风云变幻的世界城市建构基本理论、发展趋势、争论焦点，以史为鉴，提炼全球化、市场化、现代化视野下的地域文化传承与名城建构的系统理念。本章作为导论，系统提出功能为根的城市建构目标、形式为标的城市建构特色、文化为魂的城市建构意蕴、生态为养的城市建构生命，和以人为本的城市建构情怀。

1.1 城市建构目标：功能为根

1.1.1 激发人们实现梦想的力量，创建宜居、高效的和谐家园

20世纪80年代，中国的城市建设以改善人民生活、支持国民经济现代化进程为目的，竭尽全力解决供水、供电、供热等基本需求，在基本缓解住房紧张、交通不便等长期遗留问题之后，成功运用市场化手段改造旧城，建设新城，城市规模、体量和形象都发生了历史性变化。世纪之交，城市亮化、美化、净化、绿化工程在大江南北百舸争流，气势澎湃。决策者说，根据凯恩斯积极干预学说和城市化投资的乘数效应，新型城市化会强有力地拉动国民经济。表现在城市功能定位上，近年来有183个城市提出建立"现代化国际大都市"；不少城市同时定位为经济中心、金融中心、商业中心、物流中心、制造中心和交通中心。[1]

一些地方规划设计城市新轴线，集中建设标志性工程，树立现代城市新形象；许多城市专注于创建带有音乐厅、大剧院、美术馆、博物馆等的"文化区"；有些城市更多地关注城市的经济规模和增长数量，而忽略了城市文化生活、精神生活、生态环境质量的提高。

张孝德认为，过于重视GDP增长的城镇化，会成为与生态文明时代相悖的高能耗、高浪费、高污染的病态城镇化；一味以西方城市化为参照系的城镇化，会成为中国文化缺位、特色贫乏的城镇化；在错误理论误导下的城镇化，会成为不计成本、盲目追求城市扩张的非理性城镇化。[2]

当下中国的城市化像一场瑰丽的绮梦，让更多的市长思考快与慢、取与舍、得与失、奖杯与口碑、任内与将来的辩证关系。仇保兴认为，伴随地方政府换届，城市发展总体规划做相应修编和调整的案例很多。这种"首长规划"的核心，是发展冲动和政绩追求。[3]

由于建构现代城市的理论基础和实践经验的缺乏，许多城市以市长走马观花拍回来的国外城市片段为蓝本进行改扩建；一些城市的规划修编中，城市功能定位不准，难免弊端百出。以显示权威和增加营利为目的，而不是以推动新型工业化和生态文明建设、满足人民生活需要为目的的城市扩张，决策层往往贪大求多。在现代建筑狂热中，城市的非人性化与城市建造的工业化同步，使城市丧失了艺术性、系统性和统一性。

专家提醒，城市化最重要的是繁荣经济，增加就业机会，让新居民能够在舒适美

深圳城市新气象

观的环境里安居乐业，而不是搞房地产的“大跃进”。我们观察一些地区新城建设，很多农民的土地被强征，规模庞大的“新城”里企业太少，产业发展严重滞后，能给当地民众带来实惠的东西太少；学校、医院、商业基础设施配套很不完善，出现“伪城市化”。鄂尔多斯漂亮的康巴斯新区的冷冷清清，令人深思。

芒福德认为，城市作为改造人类、提高人类的场所，主要功能是化力为形，化权能为文化，化腐朽为灵动的艺术形象，化生物繁衍为社会创新。人类的创造潜力和创新制度能够改造城市的形式与功能，同时改造人类自己。[4]

在新的世纪，上海世博会提出“城市让生活更美好”的命题，许多城市提出建构生活城市、幸福城市、人文城市、平安城市、魅力城市、浪漫之都等理念，就是针对汹涌而来的城市功能危机、形态危机、文化危机的反思。也许我们需要从理论层面上，

上海世博园中国馆

高屋建瓴地把握城市建构的根本目的和基本原则。

吴良镛说，要围绕建筑的功能问题、建筑的形式问题、建筑的结构问题、建筑的材料问题，西方建筑理论中，有建立在理性思维与科学文化哲学思想基础上的探索研究、承续与发展；持续两千年之久。“坚固、实用、美观”这些基本观念的内涵与外延被进一步扩大，如“坚固”这一范畴包含了材料、结构、技术等概念；“实用”这一概念不仅深化为“适用”、“便利”、“舒适”，而且包括了经济、卫生等概念；“美观”这一概念不断深化，外延为赏心悦目，细化为尺度、比例、均衡、对称、和谐、得体，甚至个性等一系列审美观念。

“形式服从功能”，作为西方现代建筑中最基本的概念，体现建筑的实用理性原则；合乎功能原则的建筑，也是一座经济上合理的建筑；建筑的目的就是用最简便的方法获得最大的效益。[5]

也许看看一些著名城市的规划目标，对我们会有所启迪：“2020年芝加哥中心区规划”发展定位为：全球的芝加哥、区域的芝加哥、家乡的芝加哥和绿色的芝加哥。家乡的芝加哥城市定位是：芝加哥中心区支持经济和社会的多元化，保护建筑遗产，成为一个有活力、可步行及人们工作、居住、娱乐和欢聚的场所。[6]

1.1.2 城市功能的时空定位

与悠久的城市历史相比，一两届政府的任期显得非常短暂。市长想在城市建构领域抓铁留痕、踏石留印，应该清醒地认识文化城市、魅力城市的结构形式、美学形象的根必须坚实地扎在科学合理的功能设计上。城市规划设计决策应该准确判断当代城市建构所处的历史方位和发展前景，科学构筑面向未来的城市核心功能与价值体系，包括：文脉功能与历史价值、社会功能与文化价值、精神功能与艺术价值、环境功能与生态价值、使用功能与物质价值、经济功能与再生价值。[1]

我们欣赏城市的四维空间、第五立面、优美的天际线，回味城市印象，会觉得一个城市最迷人的地方不仅是外在的建筑，更是弥漫于城市中的文化气息和特有的生活方式。而城市的功能和城市的建构总会随着政治、经济、文化、科技、生态的时代进步而与时俱进。

我们看到，早期罗马都城的主要功能是通过庄严宏伟的景象和豪华的气派显示帝国的强盛和帝王的威严。工业城市通过建造最大的工厂、最大的博物馆、最大的大学、最大的医院、最大的百货公司、最大的银行、最大的金融集团和公司这些形象符号，显示工业经济的垄断倾向和市场经济的规模效益导向。垄断组织、信贷金融、金钱威望作为大都市金字塔的三大因素，打造出金元帝国；经济企业、政治力量、社会权威都集中到许多新的罗马帝国里。全力追求数量而不注意调节速度、分配数量和吸收消化新奇的东西，已经背离了城市的基本功能。

上海陆家嘴曙光

雅各布斯大力抨击“现代城市规划和建筑设计正统理论”的三个主要类型：一是霍华德的“花园城市”理论，一笔勾销了大都市复杂的、互相关联的、多方位的文化生活；二是柯布西耶“垂直城市”理论，由摩天大楼、高架桥、绿色公园构成的城市，除了“制度化、程式化和非个性化”以外，毫无价值；三是伯汉姆的“城市美化运动”理论，大城市建设诸如市政中心、文化中心、大型纪念碑、城市广场等城市标志性建筑，鹤立鸡群却大而无用。[7]

我们必须使城市恢复母亲般养育生命的功能，保障和促进独立自主的活动，共生共栖的联合。感情上的交流、理性上的传递和技术上的精通熟练，使城市能够持续拥有生命力和竞争力。[8]

单霁翔认为，从《雅典宪章》到《马丘比丘宪章》，城市规划从注重物质形态规划的功能理性思想，逐渐转变为注重城市人文生态功能的理念。现代城市建构的主要任务是为人们创造适宜的生活空间，应该强调的是内容而不是形式；不是着眼于孤立的建筑，而是追求建成环境的连续性，即建筑、城市、园林绿化的统一。[1] 联合国第二届世界人居大会建构宜居城市理念，系统发展为拥有舒适的居住条件、良好的生态环境、富有活力的工作氛围、完备的基础设施、完善的社会保障、安全的社会治安与和谐的人际关系。[9]

1.1.3 创意城市、差异化发展

2008 年，随着与实体经济严重脱钩的美国城市建设热潮的熄火，全球市场崩塌了。在全球化、现代化、市场化时代大潮之中，焕发城市活力，顺利实现转轨转型；凝聚创新创业潜力，繁荣物质生活、精神生活；挖掘历史文脉，展现城市精神，让自己的城市特色鲜明、各美其美；市长肩上的担子太重了。需要洞察城市独特的价值和创造力的源泉，依靠深化城市治理模式的改革提升城市建构和治理能力。

布鲁格曼认为，我们沿用大规模工业化生产模式如同制造消费品一样建造城市，在政绩冲动、寻租激励与开发商逐利的推动下，旧城改造与郊区建设越来越偏离城市化的初衷。我们观察一些地区大规模旧城改造和新城建构，不是更宜居的环境和更优质的生活，而是贫富分化的加剧，超前消费、过度消费和符号消费之下空洞的城市生活。要想实现城市激发人们实现梦想的力量，让人们对生活有更美好的抱负，我们需要重新审视城市的前世今生，需要新的城市建构理念与城市发展战略。[10]

人类的智慧、欲望、动机、创意与想象力等正在取代地点、天然资源与市场通路，成为都市的资源。新一波创新浪潮将与信息科技、联合电信的多媒体创新意涵息息相关；一旦它们与社会治理和民主政治创新结合，就能发挥最强大的动能，提高自身的影响力。

杭州阿里巴巴总部

差异化发展的城市需要活力十足的思想家、创新者与实干家，善用好奇心、想象力、创意、创新与发明这五个关键词，形成动人心魄的五重奏，善加维持全球性导向与地方本色之间的平衡，努力促进整合城市的科学和艺术创造力。

波特认为，地区经济竞争优势来自差异化战略，以及低成本战略、聚焦战略、价值链战略的优化组合。要努力激活城市优势的四个要素：密度经济、规模经济、协同经济与扩展经济，提高城市竞争优势和招商引智能力。能否吸引生命力旺盛的跨国公司到我们的城市，成功发展总部经济、产业经济，取决于本地的经济潜力、交通组织、文化传统、城市精神、行政效率、开明政治和透明政策。雄心勃勃的城市会争取价值链上的步步提升，以谋求自身的核心地位；吸引研发中心、先进制造、文化创意等高价值活动落户本地，变身为某种中枢。

由传统城市向创意城市转轨转型，市长和居民如何善加经营本地的创意，需要注意把握四大要点：①在知识、文化、科技、组织等所有层面保持创意与创新。②将创意与创新视为一种全盘性、整合性的流程，涵盖经济、政治、文化、环境、多元社会的每个层面，保持效率及功效。③强调软件的创意与创新，巩固城市的包容性和开明的环境，以解决社会分裂和跨文化了解等问题。④全神贯注地经营高质量生活，加强当地的经济与社会功能。[11]

上海 1933 老场坊

全球化的大众文化和互联网，构成了 21 世纪初的重大事件，导致贸易格局的重构和贸易各方力量重新洗牌。网站、网购、快递、支付宝抢走了一大批年轻的购物狂；快男、超女、星光大道、中国好声音、中国好歌曲等各类电视传媒选秀，定格了多少低头族的眼球；博客、邮件、微信、网民自主创造内容的数字化文化产品的生产和传播，信息网络的兴起，正悄无声息地迫使创意产业不断更新。一些人认为创意产业将与数字化产业和谐共存，创意产品将根据受众的不同类别，以多种多样的方式进行传播。一些人认为，当传统的奢华遭遇时髦载体的强有力挑战时，豪华购物中心、高档展销大楼也许会人去楼空，传统商业文化街区和产业园区也许会轰然倒塌。[12]

20 世纪 90 年代初期，一些贫穷的艺术家利用旧厂房创立了 798 艺术区，目的在于抱团取暖，切磋交流，获得媒体关注，吸引国外策展人关注，增加展出销售的机会。20 多年过去了，艺术区开创元老纷纷被挤走，798 艺术区将建成世界上最大的水上游乐园。我们同情艺术家理想的破碎和无奈的坚守，我们需要认真探讨这类基本不用电脑和网络的艺术家及其作品，在繁荣的数字经济时代如何摆脱藏在深山无人识的困境；更需要研究建在老厂区的各类艺术区、创意产业园如何焕发生机活力。

兰德利说，20 世纪末，包括音乐、出版、影音、多媒体、表演、视觉艺术和工艺等风行全球的生产文化区或创意产业区，大半是在风格特殊、旧工业建筑得以再利用的市区里欣欣向荣。在发达国家里，当局者都在寻寻觅觅，希望能找到文化与数字聚落，为夕阳工业注入活力，并使数字精英不仅自视为充满梦想的艺术家，更是苦干实干、以出口为导向的企业家。[11]

《下塔吉尔宪章》发表后，中国于2006年通过了《无锡建议》，工业建筑遗产的改造与再利用在我国日益兴旺，成为建筑设计界的一大热点。近些年上海19叁Ⅲ老场坊、广州TIT纺织服装创意园、南京1865创意产业园、苏州苏纶纺织厂创意产业园、沈阳重型文化广场等一批老旧厂房改造再利用项目，创意产业艺术区的建构与工业遗产保护的安排融合起来，保持原有建筑外貌特征和主要结构，内部改造后使用其新功能，不仅减少了大量建筑垃圾对城市环境的污染，而且那些立足于功能再造的创意产业园区由于媒体人、艺术家、数码大师和网虫的聚集效应，通过有市场竞争力的创意产业的生态集聚形成产业集群，依托聚焦战略、差异化战略、价值链战略，可能获得持续盈利。

平心而论，以经营艺术形象和产品为特色的商业区能否生机盎然、持续繁荣，要看它市场定位、资源整合、业态组织、营销策略的活力和竞争力；这将是市场经济竞争、供需关系调节、商业生态自然调整的结果。一些决策者认为扯上遗产保护公益大旗、文化理想、国际影响力、社会效应、城市名片，就能一呼百应、名声大噪、财源滚滚，往往可能会事与愿违。我们看到不少城市的创意产业园盛大开园仪式过后，生意清淡、门可罗雀，冷落残败，惨不忍睹。

1.1.4 城市群：大中小城市如鱼得水

我们选了长三角、珠三角、环渤海三组城市群里的名城做建构解析，是因为在地域文化、经济、生态网络系统中，各类城市的集聚、外溢、协同、激励效应会强化区位优势。

据诺瑟姆总结，当城镇化率达到50%的时候，普遍将会出现“城市圈化”的特征。现在世界上形成的三大都市圈：大纽约都市圈、大巴黎都市圈和大东京都市圈各有特色。[13] 城市圈会有力地促进区域协同发展，核心城市通过强大的集聚功能和辐射功能有效带动城市圈的繁荣和城镇化的跨越。在城市圈的范围内，小城市和小城镇获得更大的发展空间；大城市的制造业和零部件产业向小城镇转移，规避了小城镇的区位劣势，强化了成本优势。

一些学者认为，无论是珠三角、长三角还是京津冀，虽然产业结构、社会结构、文化结构都有比较明显的差异，但都不同程度地存在城市战略定位不准、发展目标不明、产业布局不分的问题。城市群内不同规模的城市如何发展，是影响都市圈发展的重要因素。城市群差别化发展，不仅是地方发挥比较优势的诉求，也贯穿在中央制定的各类区域发展政策中。

要合理确定大中小城市的功能定位、产业布局、开发边界，形成基本公共服务和基础设施一体化、网络化发展的城镇化新格局；要特别遵循城市发展的客观规律，考虑不同规模和类型城镇的承载能力，以大城市为依托，以中小城市为重点，合理引导人口流向和产业转移，逐步形成大中小城市科学布局，加快构建和完善“两横三纵”城镇化战略格局。

1.2 城市建构特色：形式为标

1.2.1 城市美化运动的前世今生

一些城市希望以巨型广场、景观大道、标志性建筑、摩天大楼组合起来的形象能够一百年不落后。周干峙认为，在我国人均收入较低，总体并不十分富裕，经济转型、社会转轨、产业升级、社会保障体制初步建立，急需大量资金投入的情况下，以加速城市化名义普遍大拆大建，严重脱离城市功能需求的形式主义的做法，不符合文化建设的方向；超出了国家经济实力的蛮干，也不属于凯恩斯投资拉动经济建设的方向。俞孔坚说，城市美化运动在过去100多年的时间里泛滥于世界各地。20世纪末，出现于中国的城市美化运动，在许多方面都与100年前发生在美国的城市美化运动有着惊人的相似之处。城市美化运动带着16世纪意大利的广场、17～18世纪法国的景观大道、20世纪美国的摩天大楼，出现在大江南北大大小小的城市。[14]

中国“城市美化运动”的典型特征是唯视觉形式美而设计，为领导视察和游客参观而美化，唯决策者的审美取向为美，强调纪念性与展示性。批评者则说是市长们而不是专业设计院在设计城市。

随着社会和城市的发展，欧洲城市广场作为市民会客厅的功能保留至今，演化为集会、休闲、商业、娱乐和纪念等场所功能。国务院领导表扬大连之后，兴建城市广场之风在中华大地兴起，“中心广场”、“时代广场”、“世纪广场”名目繁多。然而，许多广场往往不是以市民的休闲和活动为目的，而是把广场上的雕塑、广场边的市府大楼当成美化亮化的主体；广场以大而空旷、不准踩踏的草坪为美；以花样翻新、繁复的几何图案为美。由此，我们需要回到执政为民的初衷，重新认识谁是城市的主人，城市广场作为“人性场所”、现代城市空间，基本功能到底该如何设计？

近年来，网友们列出了一长串中国花销最多的现代建筑名单，比如出生于伊拉克

苏州工业园区东方之门

上海的新高度

的扎哈·哈迪德设计的广州歌剧院、广州市城投集团只有观光和燃放礼花功能的广州塔、纽约 KPF 建筑事务所设计的上海国际金融中心、苏州工业区东方之门、杭州奥体博览城体育馆与游泳馆。一些大规模建设项目邀请对我们的城市文脉和审美追求缺乏理解的外国建筑师来设计，往往颠覆了传统美与丑的标准。也有一些自称使用中国元素的建筑，如北京一家酒店的“福禄寿”三星造型把民间对金钱权势的迷恋表现得淋漓尽致。沈阳的方圆大厦显示了设计者对“孔方兄”的尊崇和追逐。批评者说，在有些人的眼里，建筑早已被异化了:高度比功能重要，名气比造价重要，形式比内容重要。“短平快”的建设节奏加上某些领导“特殊”的审美需求，难免出现一批被滥用的权力在建筑领域的“图腾”。

专业统计机构数据显示，中国大陆现有摩天大楼 350 座，在建摩天大楼 287 座，规划摩天大楼 461 座。如果一切顺利，5 年后中国摩天大楼的总数将超 1000 座，远远超过现今美国摩天大楼的数量。批评者说，摩天大楼的突发增长是楼市泡沫和经济衰退的前兆。劳伦斯曾经预言全球第一高楼封顶之时，即是经济衰退之日。不幸的是，20 世纪，“劳伦斯魔咒”屡屡应验。由劳伦斯领衔完成的咨询报告，提请投资者格外注意中国这个最大的摩天楼之国，集中了全球在建摩天大楼的53%。从宏观经济角度来说，摩天大楼的数量猛增，只能验证一个国家存在货币超发，土地价格飙升以及过于乐观的经济预测等情况的可能性。[15] 决策者认为摩天大楼是执政能力、领导魄力和城市现代化的标志。一些研究认为，超过300米的摩天大楼，会因综合成本的显著上升而丧失实用价值。批评者说当代中国的城市化变成被人肆意摆弄的模型和沙盘，摩天大楼的封闭带来的城市空间割裂，摩天大楼的运行带来的沉重财务负担，会导致城市慢性中毒，最终引发楼市崩盘和城市逐步崩溃。我们真的担心：中国的摩天大楼热是否会应验“劳伦斯魔咒”。

精心建构的城市雕塑成为城市文化的重要组成，增加了城市景观，装饰和美化了城市形象，丰富了城市居民的精神享受。纪念性的城市雕塑渗透着时代的气息和脉搏；主题性的城市雕塑反映了历史和时代的潮流、人民的理想和愿望；装饰性的城市雕塑为旅游环境增添了亮丽的色彩和文化内涵；标志性的城市雕塑树起了形象的标志，成为城市景观中的重要部分；展览陈设性的城市雕塑让公众集中观赏多种多样的优秀雕塑作品；实用功能性的城市雕塑实际上是雕塑性的建筑。例如好似片片白帆的悉尼歌剧院、宛如开放莲花的印度巴赫伊莲花教堂、放大1650亿倍的铁分子模型形状的比利时布鲁塞尔原子塔，被人们视为城市的标志。

我们看到一些城市雕塑很有地域特色和时代风韵。广州老西关、珠江岸精彩细腻的铜雕，栩栩如生地讲述了城市风情和历史变化。天津海河畔全金属质地的世纪钟，似乎在记录津门故里时代巨变的节奏。呼和浩特“伊新国际”广场上的巨型成吉思汗塑像和查干苏勒德群雕，颇有家园守护神的意蕴。赤峰大明街蒙古源流雕塑园，淋漓尽致地表现了草原民族风情和牧民心中永远的眷恋。沈阳中山广场上讲述了革命史的群雕，表达了高举、紧跟、照办的时代思潮。而令人遗憾的是，一些城市粗制滥造的雕塑大煞风景。

1.2.2 建筑理论的“理性”传统和现代建筑的歧路徘徊

在城市化加速发展，设计过程匆忙，创作风气浮躁的情况下，面对理论的迷茫与思想的贫困，我们进行现代城市建构，需要把握建筑理论界争论的范畴、趋势、脉络和焦点，要能够辨中西之别，通古今之变，建构中国特色的建筑理论体系。20世纪80年代以来，前来“抢滩”中国巨大建筑市场的国外知名设计师事务所或建筑大家，常以奇特形式炫技。吴良镛认为，没有理论作为依据的建筑创作，将可能会是恣意妄为之作，或是陈腐抄袭之作。楚尼斯指出：近年来在国际设计领域广为流传的两种倾向，即崇尚杂乱无章的非形式主义和推崇权力至上的形式主义，形成了强烈的对比。大量的先进技术手段被用于满足人们对于形式的强烈追求，这已成为时代的一大特征。[5]

在西方建筑文化中，物质性的形体、空间是建筑的本体，是建筑创作的结果；而精神性的思想、理念则是建筑的灵魂，是引导建筑实体得以实现的纲领。坎尼夫认为，对于城市文化复兴而言，无论巴洛克式城市的总体布局具有多么毋庸置疑的力量，还是它们对文化进行了史诗般的再现，从社会领域来说，除了宣扬独裁政治、奢华享乐外，没有为当代社会提供任何典范。[16] 而通过建筑符号和语汇的复制、类比、组合，正如我在伊尔根心的“沙漠海市蜃楼拉斯韦加斯”、“旧金山新古典后现代”、“文化之都墨尔本”、“悉尼的城市印象”等新浪博客所述，通过移植传统意象，深化主题体验，解构时空坐标，营造创意空间，吸引游客幽思畅想。

温习一代大师提出的城市建构理论和命题，对于我们理清思路，把握方向，建构中国特色、各美其美的城市，实现美丽中国、民富国强的中华梦想，也许有利于搭建新的坐标和参照体系。

雅各布斯的经典名著《美国大城市的死与生》反对利用城市规划原理来“洗劫城市”；亚历山大著名的《城市并非树形》对城市规划自上而下的方法有着同样的质疑，提请注重自下而上的城市秩序而不是自上而下的城市设计；建议关注一些规划方法比如城市导则，帮助生成“城市建筑模块”，产生一系列有效的局部功能秩序；用建筑、街道和街区层级的建筑单位来“构建”城市形态和城市秩序。[17]

文丘里的《建筑的复杂性和矛盾性》倡导对城市深层次的社会文化价值、生态环境和人类体验的发掘，提倡人性、文化、多元化价值观的回归，返璞被现代主义所割裂的历史情感。舒玛什的《文脉主义：都市的理想和解体》阐释人与建筑、建筑与城市、城市与文化背景之间内在的、本质的联系。城市规划的任务就是要挖掘、整理、强化城市空间与这些内在要素之间的关系。柯林·罗和科特共同著述的《拼贴城市》，认为城市的生长、发展应该由具有不同功能、多元内容的部分拼贴组合，构成城市的丰富内涵，成为市民喜爱的“场所”，让城市充满生机与活力。反对现代城市规划按照功能划分区域、追求完整统一而割断文脉和文化多样性的做法。[1]

20世纪新的时代、新的技术、新的材料、新的艺术观念，以及西方人在哲学与理论上的新探索，使得西方现代建筑理论出现了许多思想与流派。从新艺术运动到风格派建筑，以及功能主义、极少主义、表现主义、未来主义、结构主义、文脉主义和理性主义、新理性主义、后现代主义、解构主义等，令人炫目。但是人们关注的核心点仍然是功能（实用、经济）、形式（美观、艺术）、结构（材料、技术）、意义（历史、象征）等一些最基本的东西。

坎尼夫认为，通过激发对城市定位更加自信的精神气质，有机组合格局、叙事、纪念和空间这四种城市设计元素，可以创建一个“伦理的城市”；从城市精神的层面，包容各方，鼓励多样化，反映个体的诉求。[16]

后现代主义者通常为复杂性、多样性、差异性和多元化而欢呼。一部分人保持花园城市作为栖居理想，另一些人则更喜欢令人兴奋和激动的“多彩大都市”。[18]

卢永毅说，西方建筑经历了从传统到现代的巨大转变，不管是现象学的探索还是建构哲学问题的讨论，都是在对现代建筑甚至是“后现代”建筑自觉的批判意识下形成的。当学院文化终结以后，当现代主义文化的理想衰落之后，理性思维的回归与创造灵感的释放之间始终保持着奇妙的张力。[19]

1.2.3 城市形态的艺术维度与奢华建筑迷津

涉及老城历史街区的改造、老城新城关系的把握、城市总体风格形象塑造的城市设计，一些市长心里没有准谱，设计院拿不到言简意赅的设计任务书。如何摆脱依靠奢华建筑支撑城市一百年不落后的迷津？历史证明，只有在城市文化和景观多维时空与复合网络的图景中，我们才能把握活生生的城区空间和历史延续性。城市作为文化意义的存在，形态是城市的物质和精神结构，具有强大的惯性和持久的生命力。林奇指出，城市整体空间形象的局部感觉集中在五个关键点上：路径、区域、边界、地标和节点。城市形态并非实物客体，而是一种文化哲学意义的建构。[20] 芒福德总结：无论从政治学或城市化的角度来看，罗马城都是一次值得记取的历史教训。古罗马的遗风复活便是厄运临近的征候。在第二个千年之初，追求奢侈品的欲望之门打开之后，推动商业扩展、提高工业生产的动力随即形成。这就将建筑分成了两个专门的领域：一个领域是采用新的科学思维来处理建造的经济性问题，另一个领域则研究如何创造“美”和“愉悦”的建筑设计方法。严厉批判建筑中的幻象主义、享乐主义和叙事式倾向，“形式服从功能”的建筑论战，形成 20 世纪一场浩浩荡荡的建筑运动：“功能主义”。而批判的地域主义立足于构建呈现生活品质、环境质量和社会和谐的共同图景，进行建筑学思考。[21]

一些“聪明”的市长认为，要做市民们看得见、摸得着的政绩工程，新颖奇特的地标建筑就是最好的表现形式。而专家学者常常用功能性、艺术性和象征性三个标准评价这些建筑的价值。童明认为，缺少对于城市规划自身演化历程的了解，我们不可能清醒地朝向明天继续前行；缺少对于专业思想、技术方法在基本原理层面上的把握，我们只会陷于生搬硬套，不切实际；缺少针对社会历史背景的敏锐洞察，我们就不可能合理而灵活地应对现实所提出的各类问题。

霍尔的《明日之城》系统回顾分析了想象之城、梦魇之城、杂道之城、田园之城、区域之城、纪念碑之城、塔楼之城、自建之城、公路之城、理论之城、企业之城、褪

墨尔本城市空间

墨尔本的城市文脉

色的盛世之城、永远的底层阶级之城的兴衰轨迹，阐述了现代城市规划发展的前因后果，起源、发展、演化的历史轨迹及其思想根源。

其中特别值得高度关注的是：①田园城市，设想将数量相当可观的人口以及就业岗位输出到全新的、自给自足的、在开阔乡村地区建造的众多卫星新城中去，从而远离贫民窟和乌烟瘴气，更远离巨型城市中飙升的土地价格；但是田园城市有时被装扮成怪模怪样，难以辨识。②纪念碑之城，可以回溯到法国拿破仑三世时期，大规模改建后重现帝国荣耀的巴黎；而在两次世界大战中的德国、西班牙、意大利、苏联，一种关于华贵、权势和特权的符号性与表现性的工作一时间成为独裁者妄自尊大的工具。③塔楼之城作为工业化产物柯布西埃式居住机器的现代城市模板，体现在从底特律到华沙，从斯德哥尔摩到米兰等数以百计古老城市局部的拆除和重建的过程之中。④可持续的城市在寻求重构城市经济，升级更新濒死的产业，重建由于剧烈的经济转型而摧毁的工业地貌，恢复城市的生态环境和产业竞争能力，创造一种新型、紧凑、高效的城市形态。[22]

1.2.4 功能、形式、结构与建造诗学

观察各地城市的中心商务区和新区，都是以钢铁和玻璃作为主要的建筑材料，大规模建造激进的但通常无样式的结构物，建筑呈现出新的工程技术标准化和形式结构多样化追求的严重分裂。极端的例子，是在北京由外国建筑师为奥运年而设计的标志性建筑，即莱姆·库哈斯的央视大楼以及赫尔佐格和德梅隆的奥运体育场，两个极端美学主义作品在钢材的使用上都呈现出一种肆无忌惮的态度。从建构诚实性和工程逻辑性的角度看,它们都乖张到了极端。前者在概念上夸大其词,杂耍炫技;而后者则“过度结构化”，以至于无法辨认何处是承重结构的结尾，何处是无谓装饰的开端。

如何扭转目前中国城市建构中过于强调“建构”的“物质性”和“建造性”所导致的城市功能和文脉的隔断和扭曲倾向，我们需要了解一些建构学理念。

波提舍把建筑划分为功能作用结构的“核心形式”，以及明显可见特征塑造的“艺

北京央视大楼

术形式”。散帕尔划分了建构的三个层次:①技艺的内核,精确的物质构造;②建筑秩序,对技术的表现;③檐壁上的雕塑,对人类传说、神话或幻觉的艺术表现,以技术追求完美。

席沃扎指出,很多建筑设计并没有建造成实际的建筑物,只是通过文化传播的文本,混杂在照片、电影、电视的视觉文脉中，构成一个移动的地带；作为“镜头景观”，使建筑脱离全部的物质性，成为自由移动而且不断增值的影像，其实就是人类追求纯粹知识的一种乌托邦。这就恰恰映射出建筑可能正在逐渐缺失的特质：物质性、真实性、技艺、场所。[23]

弗兰姆普敦说，自从邓小平开启国家的现代化进程以来，中国过去40年的建设规模和速度，几乎没能为这一巨变的环境后果留下生态层面、文化层面反思的空间。面对今天这样一个充斥着虚拟空间、网络销售、数字媒体的世界，传统社会文化机构的分崩离析对历史城市的伤害是致命性的。一些玩世不恭的解构主义建筑所宣扬的文化颠覆，展示了一种历史虚无主义强词夺理和自相矛盾的审美态度和思想潮流。如果把建筑视为结构的诗意表现，那么建构就是一种艺术，建构文化就是建造的诗学，持久性是她的最终价值。[24]

1.2.5 城市形态、空间谱系、城市机理

建筑分为两种形态：城市肌理式和纪念碑式。建筑深深扎根于当地文化，不同地区的建筑具有不同的类型特点。建筑物是城市和社区的基本单元，除使用功能外．建筑物还是城市文脉的参照点，可以载入城市的史册。最近几年，一些大城市被炸掉的新建筑，除开违章建筑外，大都是与文脉、环境、交通、景观极不相称的庞然大物。值得吸取的教训是，这些现代主义类型建筑不仅破坏了城市肌理，而且还通过创造出非人类结构、同人性化尺度毫无干系的巨大几何形障碍物，破坏了城市的空间谱系和生态秩序。

我们从旧金山湾区市政厅、艺术宫、九曲花街、金门大桥和苹果、惠普公司总部等楼宇建筑，看到一个城市新古典、后现代的轨迹。[25] 从上海的朱家角、城隍庙、石库门里弄、外滩、陆家嘴金融街，看到一个海派时尚新潮城市的空间谱系。

建构城市意味着在不破坏城市连贯性的前提下对城市进行扩展和转变。空间规划的关键在于某个地点中连续城市空间的构成要素，也就是城市空间的谱系。在城市的历史中，街道形态的规划往往为城市结构奠定了基础。城区开发通过大量有组织有目的的活动，公共机构、公民和开发商逐渐打造出沿街道、广场和公园而立的成排楼房；逐步进入城市网格的一栋栋建筑物，决定了开放空间的特性。可持续城市规划同现代主义的城市规划相反，它是对街道、街区和建筑物进行自然建构的回归。[3]

旧金山太平洋世博会艺术馆

旧金山艺术馆的品位

旧金山湾区形象

1.3 城市建构华彩：文化为魂

1.3.1 以意匠之美传递意境之美，意蕴之美

我们发现一些城市以美化、亮化、改造、重建之名，匆忙拆掉原本活力充沛的旧城区。批评者说，我们有5000年的历史，却少有50年的建筑。吴良镛评论，国际上一些建

西安开元盛世

筑事务所甚至将中国作为外国建筑师的试验场，畸形建筑结构动辄多花费十亿元、十几亿元，甚至几十亿元，中国已经成了最大的建筑浪费国家。令人忧虑的是，从行政中心到单位大院，再到高档住宅小区，封闭式管理是最重要的价值取向。孤岛化和碎片化的城市让市民找不到归属感和安全感。[3]

单霁翔说，经济全球化背景下传统文化的消退，呈现出城市建设利益化倾向、城市文化粗鄙化倾向、城市景观浅薄化倾向、城市形象趋同化现象、城市历史虚拟化现象、城市消费奢侈化倾向、城市休闲低俗化现象和城市娱乐商品化现象。[1]

城市建构、建筑设计需要满足人们物质与精神双重标准的实现；由专注于样式的翻新，转向对人的行为及需求的关注和尊重。我们理性地分析传统中国建筑精神，着意于组、群建筑的有序和谐，强调空间的序列，不刻意追求建筑形态的创新；建筑整体上呈现出实用而有意，意在情景之中；高度关注城市建构总体思维和系统安排。中国城市现代化的探索之路不能简单照搬国外的建筑，也不能大搞复古建筑；而要从中外经典建筑形式之美中领悟传承文脉、人文关怀和生态关怀，探寻如何在城市规划里，以意匠之美传递意境之美、意蕴之美。

中国的一些名城有的曾被各朝帝王选作都城；有的曾是当时的政治、经济、军事重镇；有的曾是重大历史事件的发生地；有的因拥有珍贵的文物遗迹而享有盛名；有的则因出产精美的工艺品而著称于世。它们的留存为今天的人们回顾中国历史打开了一扇窗户。我们的市长和建筑大师应当也有能力为中华民族的建筑文化和城市建构与时俱进、继往开来，谱写新的篇章。但是花大力气让那些早已被历史湮没的废城故都以建造假古董的方式集中建设大批仿古建筑，通过营造旅游卖点复兴历史文化名城，是否可行？是否值得？需要认真评估论证。

西安皇城复兴计划是以“唐”作为时间坐标，以古城作为空间坐标，打造一个涵盖西安各个历史时期的、完整的文化板块，实现史迹保护化、社区里坊化、交通绿色化、轴线对称化、生态持续化、风貌协调化、旅游特色化的目标。正式启动这个计划，外迁行政中心，疏散老城人口，降低建筑高度，减小建筑密度，意在保护与恢复历史街区、人文遗存，传承历史文脉，彻底解决老城“有古城墙而无古城的局面”。

问题是，在后金融危机时代，互联网、物联网和网购、快递创建新流通模式；低碳循环、高效节约、绿色消费等新生产生活方式大行其道；没有各国商人、学者、匠师和游客集聚，没有丝绸之路商旅洪流，万商云集的市井繁荣不再；失去盛唐国都政治经济文化核心地位，虽然西安古城墙的维护和新唐风建筑好评如潮，但是，只有盛唐建筑的形式，而无盛唐国都功能的西安“皇城复兴”，是否真的能够“给后人留下辉煌与震撼，留下思考和借鉴”？

1.3.2 城市建构的物质文化、制度文化、意识文化

南京的“朱雀桥边野草花，乌衣巷口夕阳斜”；桂林的“群峰倒影山浮水，无山无水不入神”；苏州的“万家前后皆临水，四槛高低尽见山”；杭州的“水光潋艳晴方好，山色空蒙雨亦奇”；都让人们倾倒。在历史名城里留下的历史街区、传统建筑、园林风景以及民间风俗，构成了一座城市文化建构特色，展现出一种动态的美。正是由于城市中不同地点、不同时期、不同内容的地域文化要素相互契合，构成了有序的系统组合，在整体上取得了和谐统一的效果，才能给人以整体协调的城市文化特征。[1]

按照王国维的有形、无形、未形逐层深入解析传统文化的方法，我们可以从三个层面对城市建构作文化解读：表层的文化是有形的城市物质形态，包括城市的功能布局、街区风貌、建筑风格以及文化设施等；中层的文化是无形的城市制度形态，体现在特有的组织方式、决策程序、制度规范、运行规则；深层的文化是未形的城市意识形态，涵盖城市精神、地域性格、审美取向、情感情趣等。

从城市的物质形态、制度规范、精神意识三个层面作历史名城建构的文化解析，我们会看到经典建筑、园林景观、城市地标等清晰地标明了儒家思想基本价值观体系和立足农耕文明的超稳定的封建社会治理结构；西风东渐拿来主义、洋为中用转型价

杭州南宋御街

值观体系，以及立足农耕文明向工业文明转轨的类似君主立宪式新共和的社会治理结构；新儒家思想和社会主义核心价值观体系与立足工业文明、生态文明的中央集权和地方分灶吃饭的中国特色社会主义社会治理结构。包括它们的历史存在和演变进程在城市肌理、形式风格、艺术形象、精神气质方面留下的深刻烙印，形成了城市文化与时俱进的珍贵轨迹和独特遗产。每个城市又会因自然地理、区位条件、历史传承、发展水平、人脉凝聚、营销策划的差异而呈现不同的建构特色。从这个意义上讲，正如《北京宪章》所说，我们并不拥有自身所居住的世界，仅仅是从子孙处借得并暂为保管罢了。

1.3.3 农耕时代的城市和西风东渐的民国城市建构

《考工记》架构了封建时代“天子”居中、左祖右社、前朝后市等国都建构原则，奉天承运的治国目的，城市的行政、宗法、教化的主要功能，并且给予不同等级的城市以相应的序列标准。秦一统天下，推行中央集权的郡县制行政体系，相应建立了按严格秩序和等级规划的城市体系。汉承秦制，在中央集权帝国体制下，在平地新建了国都长安。唐都长安的规模达到中央集权帝国时代的巅峰，在体制上按《考工记》规划，完善了宫城三朝的体制，以及全城在棋盘式路网基础上的南北中轴线的设计。直至19世纪初，中国的城市体系和行政体系混为一体。传统封建社会把城市作为地方政府的治所，是衙门所在地，又是儒家教化中心，城市功能和形式呈现超稳定结构。[26] 以晋商、徽商等商帮为主，自明代起建立了全国性资金流通制度和营销网络，繁荣了远途贸易。行会、帮会建造的大型会馆、富有商人的奢华府第，形成城市多姿多彩的地域文化特点。

清代前期，对于以少数民族为主的边疆地区“因俗而治”，采用了军辖区（东北）、盟旗（蒙古）、将军管辖和伯克制（新疆）、驻藏大臣领导下的黄教政教合一（西藏）与土司制（西南）等管理体制。在这些领土上建立的地方治理机构和富有地域特色的城市，融合在全国的城市体系之中。

拉萨曾经“政教合一”的布达拉宫

清代城市空间分布深受明代城市建构的影响，形成国都北京、轻工业轴心苏州、长江航运中心汉口、南方瓷器重镇佛山四大都会；加上丝织中心和区域商贸中心南京和杭州、外贸中心广州、运河城市扬州，时称八大都会。清政府曾经推行多个现代化计划以图自强，无锡、南通、沈阳、济南、长沙、郑州等近现代工业城市因而兴起，主要矿业城市唐山、阳泉、抚顺、本溪、萍乡、鞍山，以及铁路城市徐州、石家庄、哈尔滨等相继出现。清代后期的城市化带有明显的半殖民地化特征。西方列强在战略性的大陆沿岸建立起一系列的“条约港”（“对外通商口岸”），形成某种程度的中国城市空间和城市化过程的二元性。外国的治理理念、资本、技术、市场对中国一些沿海沿江城市的经济和城市发展造成重大影响。当时一些沿海沿江城市按照不平等条约的规范分成三类：①直接管治型：包括香港等四个割让地区，旅顺、大连和青岛等六个租借区，七个由外国铁路公司控制的铁路城市，以及三处由法国和德国占用的地区。②设有租界的条约港：包括上海、天津、汉口等11个城市的26个租界。③其他沿海和沿江的70个条约港。在这些地区，城市功能、形式、结构都发生了历史性变化。例如上海租界实行资本主义市场经济，不但在城市规划、管理和基本建设上采用西方模式，形成以中心商务区为核心的地租圈层和土地利用功能分布，而且在建筑风格和城市面貌上别开生面。[26]

清朝末期封建帝制日薄西山，取消科举后，儒士失去了仕进的途径和在政坛上的影响力；派到欧洲和美洲留学归来的年轻人，转向西方寻求解救中国的办法。民国时的国民政府基于西方的政治模式和价值观，在南京、广州、上海等地按照西方大城市模式制定现代都市规划，建构一批有影响力的地标性建筑、花园广场、林荫大道。1930 年前后，在上海、天津、南京、武汉、青岛，以及在日本人侵占的大连、沈阳、长春、哈尔滨等地出现了西方现代建筑式样，包含有“摩登式”、“国际式”、艺术装饰风格和为数不多但较纯粹的现代主义风格的作品。1931 年“九·一八”事变以后，日本人在东北各地制订了具有现代意义的城市规划方案。1932 年编制的中国现代城市规划史上具有先驱性的沈阳《大奉天都邑计划》，按现代主义功能分区的城市规划思想进行设计，城市用地分为居住、商业、工业、绿地四大类，强调交通、工作、居住与游憩的城市功能，除了对各区域内建筑密度有限制外，还对建筑高度作限高 30 米的规定。沃森在《20 世纪思想史》所概括的市场经济、民主政治、科学技术、大众媒体四大世纪遗产，在特定的历史条件下对当时的中国城市建构产生了革命性影响。

哈尔滨索菲娅大教堂

哈尔滨马迭尔宾馆

1.3.4 前后 40 年：计划经济体制和市场经济转型期城市困境与出路

20 世纪 50 年代初，曾把历史遗留的建筑、规范的布局和传统四合院与封建王朝联系起来，简单地拆除旧的城市，建设现代的公寓楼和工厂。而学贯中西的梁思成等有识之士，在“民族的、科学的、大众的”旗帜下，提倡建筑的“民族形式”，在城市建设上掀起新的波澜。由于经济发展和城市建构几乎全盘照搬苏联管制经济、计划经济模式，建筑界的争论后来发展成疾风暴雨式的反右倾和破四旧大批判，既彻底抛弃

深圳夜景

新儒学的信条，又偏离苏联式的城市模式，导致城市规划设计思想混乱与理论真空。工矿城市在先生产后生活的价值取向下，简易住宅大行其道，基础设施严重短缺；而“文化大革命”期间大批量下放农村的机关干部和知识青年集中回城，更加剧了短缺经济时代城市的拥挤和脏乱差状态。

改革开放之前，政府通过户籍政策和粮食配给政策将农村人口留在原地，严格控制城市化进程，限制大城市的发展；城市的主要功能是集中资源加速工业化进程，尽量削减消费性行业的投资。当时奉行的策略要点包括：将消费型城市改造为生产性城市，以基本经济活动为主要功能；调整全国城市空间分布，改变现代产业过分集中在沿海地区的格局，甚至以三线建设的名义成建制地将长三角、京津唐、东北老工业基地的大厂迁移到内陆省份；城市中心点不再是中心商务区或官僚衙门，而是苏式的中央广场，以供公众集会和群众政治活动。在空间上，城市发展被严格控制在“规划市区”范围之内，城区和郊区作紧凑的同心圆方式布局。

1978年以后，思想观念的解放、经济活力的增强和财富的积累，使得中国主要城市在功能、土地利用和城市景观等方面发生了巨大变化。转型期的城市动力来自三大因素：①成功的开放政策促使外资大量涌入，经济特区、14个沿海开放城市、珠三角和长三角经济开放区等呈现外资驱动型城市化。②农村逐步取消了粮食和农副产品的统购统销政策，开放大部分农产品价格；允许农民进城务工，大量农村人口向城镇迁移，形成大量临时人口涌动的城市化特色。③城镇定义的调整和城市门槛放宽，1980～1990年这10年间，全国新设市400个，新设镇约1.6万个，是中国历史上城填数增加最多的时期。④珠三角、长三角和京津唐地区三个以外向型或出口加工业为主导的城市经济区域，呈现“都会经济区”城市化发展特色。[26]

1.3.5 城市文化与文化城市

经济学研究普遍认为，人均GDP3000美元是一个重要的经济发展临界点，也是城市发展的关键时期。城市居民的需求层次由发展型向享受型过渡，住房消费、私人购车出现爆发性增长，消费结构升级势头强劲，投资结构和生产结构也随之发生变化。周干峙认为，历史文化是城市发展之源，城市化是发展之流。我国城市应当源远流长，才是健康的持续发展之道。单霁翔认为，我国大规模城市化进程中要避免城市文化危机和特色泯灭，包括：城市记忆消失、城市面貌趋同、城市建设失调、城市形象低俗、城市环境恶化、城市精神衰落、城市管理错位、城市文化沉沦。也许看看西方国家城市规划学科物质、经济、环境、社会、生态、文化规划六个阶段发展的历程，有利于我们把握城市建构的正确方向。

每一座名城都有自己的历史，人们看到的不仅是一座传统与时尚建筑组合的魅力之城，更重要的是其悠久历史下深厚文化底蕴的魅力。阮仪三指出，江南水乡古镇的历史价值、文化精神与当代启示，既是地域传统文化的精粹、承载历史的记忆，也是哲学思想价值、民族文化价值、社会经济价值、建筑艺术价值、生态文明价值与和谐人居永续性发展的具体体现。

上海黄浦江两岸的新古典、现代和后现代建筑群，强烈地表现出城市的海派文化个性。南京秦淮河两岸富有江南水乡特色的古民居建筑、传统商业建筑，结合山水地形建设的明城墙和历代形成的三条轴线，形成了南京城市空间的特色。以青岛市八大关为代表的历史风貌街区，突出城市历史文脉，按照“显山、露水、通海、透绿”原则，塑造黄金海岸线，融入海洋科普、旅游度假、文化休闲等新的主题；显示中西合璧的现代城市文化特色。[1]

上海黄浦江苏州河夜色

南京古城风韵

岭南建筑轻、巧、通、透的特点，使广州具有强烈的建筑识别性，比如老城区的骑楼街、西关大屋、十三行。中山纪念堂是创新运用先进的建筑材料和建筑技术的中国民族复兴式建筑精品。决策者说，广州市的新城市轴线、亚运会场馆，包括广州塔等大型公共建筑，传递出一种明快、不拘一格的时代精神，总体表现出岭南文化自由积极的精神追求。批评者则说在它们身上体现出强烈的纪念碑城市奢华追求，很难找出具体的岭南风格元素。[3]

从中我们可以领悟，系统的城市规划设计要通过高水平的城市文化建设来优化生活环境，提高城市人口素质和物质与精神生活质量，促使市民增加对身处城市的认同感、满意度，进而产生自豪感、优越感，并逐渐转化成城市的凝聚力和感召力，最终形成城市的综合竞争力优势。我们应该借鉴伦敦“文化城市”目标的设定，包括：①卓越性，增强伦敦作为世界一流文化城市的地位；②创建性，把创建作为推动伦敦成功的核心；③途径，确保所有伦敦人有机会参与城市文化中；④效益，确保伦敦从其文化资源中获得最大的利益。[27]

构建文化城市的多目标指向，是经济发展与社会文化进步、全球文化与地方文化、传统文化与现代文化、世俗文化与高雅艺术的融合、协调、共享；实现城市文化教化、城市文化创新、城市文化全球扩散等功能。[28]

童明认为《拼贴城市》针对城市形态的图 / 底的分析，以及文脉主义的提出，对于后续的城市研究产生了重大的影响。从现代城市的精神内核提出了面对现代危机的后现代策略：以乌托邦为隐喻，拼贴城市为处方；由法则和自由构成未来的辩证法，形成现代建筑的多元性、共识性。[29]

1.4 城市建构生命：生态为养

1.4.1 生态城市的红线绿线

《生态城市建设的深圳宣言》提出建设生态城市包含五个层面：生态安全、生态卫生、生态产业代谢、生态景观整合和生态意识培养。仇保兴说，从人类文明史来看，生态城市是全新的城市发展模式。生态城市规划对于现有的城市规划知识体系、行业标准规范与规划设计理念来说，都是一场前所未有的变革。为了使我国的生态城更符合生态环保和群众宜居的需要，就要从人类历史的长河中汲取营养，采用创新技术使其再生复兴，创建富有中国特色和竞争力的生态城市发展新模式。[3]

巴塞罗那传统斗牛场改建的超市

俞孔坚认为，传统的城市规划是先用“红线”划定城市建设边界和各个功能区及地块的边界，剩下的才是自然的地方，才是农业，才是林业，甚至连绿地系统也是在一个划定了城市用地红线之后的专项规划。而生态城市则是先画“绿线”，重在规划和设计城市生态基础设施，先做保护规划，再做建设规划。市长管“底”，市场管“图”。非建设用地是“底”，建设用地是“图”，以公益为己任的市长重在“保底”而不是“扩图”；组合运用好十一大景观战略，包括：①维护和强化整体山水格局的连续性；②保护和建立多样化的乡土生境系统；③维护和恢复河流和海岸的自然形态；④保护和恢复湿地系统；⑤将城郊防护林体系与城市绿地系统相结合；⑥建立非机动车绿色通道；⑦建立绿色文化遗产廊道；⑧开放专用绿地；⑨溶解公园，使其成为城市的生命基质；⑩溶解城市，保护和利用高产农田作为城市的有机组成部分；⑪ 建立乡土植物苗圃基地，建立大地绿脉，成为城市可持续发展的生态基础设施。[14]

1.4.2 能源危机与紧缩型城市

城市消耗了全球75%的能源，排放了全球75%的温室气体。当今的城市化是在重复工业化国家模式的基础上进行的，然而，无论是现有的自然资源还是经济财力，都无法再支撑这种发展轨迹。詹克斯说，《我们共同的未来》《里约热内卢宣言》诞生以来，可持续性及可持续发展已经成为当今世界发展的主旋律，建设可持续城市的严峻需要已经日益突显。紧缩城市的构想源于许多欧洲名城的高密集度发展模式的启发。紧缩城市最积极的倡导者是欧共体，通过对集中设置的公共设施的可持续性综合利用，将会有效地减少交通距离、废气排放量，并促进城市的和谐发展。[30]

中法合作“城市与形态：关于可持续城市化的研究”，以上海的一个城区为例，探讨了样板生态社区的建构。该城区为网格状框架结构，每个网格都是一个800米 ×800米的社区（总人口为16000人）。城市设计以样板社区为基础，由多个社区组成。样板区内的建筑是中法合作开发的可持续建筑原型。

计算结果显示，与巴黎和曼哈顿相比，上海近期新建的城区密度较低。塔楼和板楼街区构成的城区比传统里弄区密度低。浦东这样竖向高度极大的地区，密度也只有巴黎的三分之一，尽管巴黎的建筑仅为7层。上海市中心是最稠密的区域，但却更富有效率，因为这里混合了大小、高度和功能各异的建筑，同时保留并发展了与城市肌理融为一体的街道和公园。相比之下，浦东新区丧失了上海市中心功能多样性的优势和魅力。研究发现，即使在200米 ×200米的尺度上，广州的传统房屋构成的城市肌理和中层建筑的连续肌理所具有的密度，要高于直线或曲线形板式楼和塔楼的密度。从可持续发展的角度及保护地球资源的需求而言，只有密集的混合式形态才能起到减少人们如钟摆般来回奔波和抑制城市向乡村无序蔓延的作用。[3]

1.4.3 第三次工业革命与新城市建构模式

进入21世纪以来，出现了两个席卷全球的重要动向，一是金融和经济危机，二是新的技术和产业革命。后金融危机时代应该采取紧缩的财政政策，立足于新技术革命的生产、流通、消费模式的转变和低碳生态城市的建构，拉动世界经济的发展。里夫金说，可再生能源的转变、分散式生产、氢能源储存、通过能源互联网实现分配和零排放的交通方式，构成了新经济模式的五个支柱。麦基里认为，一种建立在互联网和新材料、新能源相结合基础上的工业革命即将到来. 它以“制造业数字化”为核心，将使全球技术要素和市场要素配置方式发生革命性变化。[31]

中国的专家们认为，当今世界正面临第五次科技革命和第三次工业革命的重合期，创新与突破将创造新的需求与市场，将改变生产方式、生活方式与经济社会发展方式，进而改变城市建构模式。如果说第一次工业革命造就了密集的城市核心区、经济公寓、街区、摩天大楼、拔地而起的工厂；第二次工业革命催生了城郊大片地产以及工业区繁荣；第三次工业革命基于生存空间新的革命性理念，将使每一个现存的大楼转变成一个两用的住所：住房和微型发电厂。在欧洲的一些地区，建筑业和房地产行业正与可再生能源公司联合，将大楼转变成小型发电厂，就地收集绿色能源，为整栋楼房供电。商业和居住用房大规模转变成发电厂，将引发建筑业的繁荣，创造出数以万计的新商业机会和就业机会，对其他行业产生乘数效应。第三次工业革命时代使我们重回阳光之下，在重新思考城市规划的时候，产生了包括地貌城市化主义和绿色城市化主义等多种形式。[31]

当代中国城镇化同时站在两个历史最高点上：一是新能源革命催发的生态文明新时代；二是工业文明时代给予中国的高速公路、高速铁路和高速信息网“三高技术”。新能源革命决定中国特色城镇化的时代维度，民族文化决定中国特色城镇化的历史深度，“三高技术”形成中国特色城镇化的技术维度。据此，张孝德认为，中国特色城镇化模式应当是城乡二元文明共生、大中小城市均衡、旨在满足大多数人幸福的城镇模式。

上海黄浦江两岸

“三高技术”城市发展模式将会形成三个革命性影响：①由单中心的金字塔城市结构向多中心的扁平化、网络化结构转变；②由人口大规模移动的城市化向要素流动的城市化转变；③在传统技术支持下的要素流动由原来的单向流动向双向流动转变。

实现上海世界博览会“城市，让生活更美好”的理念，我们的城市发展总体目标定位需要从工业文明导向的城镇化转型到以生态文明为目标导向的城镇化上来；从文化与主体缺失的、盲目跟随西方的城镇化，转向立足中国文明之根、传承民族文化之魂的中国特色城镇化轨道上来。[2]

1.5 城市建构情怀：以人为本

1.5.1 倾诉和协商：寻找价值诉求的交集

我们需要高度重视经济高速发展给自然环境带来的污染和人们内心的荒漠化，而沟通和倾诉能够以紧密的人际互动，应对高速增长带来的心灵荒漠，产生更多的信任、

马德里欧洲之门

互惠、合作和灵感，这正是城市的优势所在。城市不仅将不同的人、不同的组织聚合在一起，还在彼此之间建立起了种种有机的、坚韧的关联。这种种关联必然包含着精细的分工、微妙的协调以及有效的交流，其本身就意味着生产力和创造性。格莱泽认为，像美国铁锈地带的城市如底特律，之所以走向衰败，根本问题在于单一而衰退的汽车产业、单一而隔离的城市居民，无法产生丰富多元的社会互动，从而彻底失去了创造力，街道上一片死寂。[32]

当代城市规划思潮已经拒绝了那种把城市居民看作无差异个体的思维方式。芬彻提出了一个思考城市规划的新模式，旨在强调城市规划的社会义务和可能性。我们应当承认城市里的多样性，从重新分配、认同和邂逅这样一些社会逻辑起点出发，规划我们的城市。[33]

《地方21世纪议程》公布之后，全球的城市学家们建立了大量自律组织，包括健康城市、宜居城市、无贫民窟城市、竞争性城市、卓越治理城市、气候保护城市和可持续城市。来自全球数百个城市的经验，取得了包括区域规划、公共部门与私人部门合作、给穷人提供更多服务、减少污染和提高能源效率等一些重要成就。一些城市通过高效的战略性策划与城市化理念革新实现了举世瞩目的成功转型。新城市体制催生新城市化建构，通过有效的城市形式、新的公共服务与基础设施的发展、先进的市场监管以及城市文化的协调，实现共同的战略目标。[10]

城市和城市居民的多样性已经成为规划思想、规划实践和一般城市理论的核心命题。承认城市人口组成具有多样性，就意味着市长和规划师在决策过程中，需要听取多样性的公众的声音，听取不同社会群体的声音。[34] 依靠程序公正、过程公开、协商民主，真正把政府与市民对城市未来发展的意图和愿景充分地、智慧地、科学地体现出来；把握好经济发展的“柔性”、城市规划的“弹性”、土地利用的“刚性”，划好湖泊、河道的蓝线、各项公共设施的黄线、城市公共绿地的绿线、文物保护的紫线。使城市规划设计更加科学，更加美好，更具有包容性、时效性。很多城市建立了规划馆，重要意义就是通过规划展示，让全体市民都看到城市的未来，增加对城市的认同感，同时也约束政府领导者要一任接着一任地为实现规划努力工作。

1.5.2 城市权利：城市建构的民主参与科学决策

长三角、珠三角那些移民的落脚城市里，来自五湖四海的“陌生人”，其理想信念、价值追求、思维方式和审美情趣会有差异，能够和平舒适地共处于城市空间，基本前提是相互理解和相互尊重。我们的城市应该是包容、自由、法治、秩序等现代精神的传播者，每个层次的人都应该通过辛勤劳动找到自己的位置和活动空间。城市的胸怀和视野很大程度上取决于城市管理者的胸怀和视野。以自信、自立、自强精神海纳百川，管理者首先应担负起责任。

勒菲弗的“城市权”概念不仅涉及获得城市的形体空间，同时也涉及获得参与城市决策的更为广泛的权利，涉及平等使用和塑造城市的权利，以及居住和生活在城市的权利。我们所理解的“城市权”，是合法的公民身份得到认同的人们对由空间、场所和城市的管理结构约束起来的生活路径选择的权利，以及相应的交往权。

贝利认为，在社会主义国家，领导和行政命令至关重要。每个社会主义国家显示出对经济增长的强烈责任追求，在城市结构上能够看到更多的统一性，与之相伴的是

深圳的城市精神

更加系统化的生活方式和建设模式。在这种方式下的城市发展，既是官僚主义的，又是标准化的。[36]

在科学化民主化决策时代，好的城市设计从哪里来？如何达成规划设计的优选共识？从管理学的角度来把握：①通过广泛讨论和意见征集取得城市特色、城市文脉、城市定位、城市功能、城市意象的基本共识和文本表达；②通过设计任务书明确交代设计意图、设计依据、设计周期、设计原则和审查程序；③通过资质审查和设计招投标优选设计队伍和设计方案；④用好三维城市规划形象展示和规划方案社会公示平台，广泛征求普通市民、有识之士、大众媒体的意见建议，以期寻求认同和共识；⑤组织代表性广、权威性强、公正性好的评审专家队伍和工作班子，依靠透明的制度和规范的程序确保中标设计的质量、水平。从各地实际出发，如何把市民的愿景、专家的共识、领导的意图通过适当的程序和途径成就为理想的设计，处理好市民意见征集、专家评估论证、政协民主协商、人大立法监管、领导拍板决策的关系，考验市长和主管部门民主意识、专业水准、协调技巧、人脉威望、执政能力。

1.5.3 人居环境和社区规划：新城市主义

在城市建构的功能、形式、结构、意象系统策划里，我们是否真正做到以人为本、执政为民？格兰特认为，我们没有认识到社会经济制度和权力体制对城市规划的制约，我们低估了文化氛围、思想观念对于规划共识的影响。中国人的新城市模式是坚定不移的现代主义派：高层塔楼、社会阶层的分割、私家车导向的郊区，以及过去传统城市的那种土地混合使用模式日趋减少等现象正在频繁出现。北京赢得了2008年的奥运会主办权，为了迎接这场盛会，政府正在重新改造北京这座城市，老式四合院住宅这种传统住宅形式正在消失。中国表现出的对建筑采取自由选择的规模，是自包豪斯建筑学派创立以来所没有的。大部分住宅小区开发是以中高层公寓大楼的形式出现的，它们常常是圈起来的大院社区。[35]

也许兼听则明，我们确实需要关注连接城市与家庭的纽带：社区。新城市主义是对好社区的空间和社会形象的一个复归，优选衔接一些概念、术语、范式和理论，强化新城市主义方式。在新的范式中，霍华德的自足的城市体制起死回生，昂温所承诺的精工细雕的设计品质重新得到确认，西特的城市美的原则继续保留，佩里的邻里单元提供给新城市范式有关规模和使用结合的基本观念，雅各布斯有关精致混合的观念成为新城市范式的基本内核，亚历山大永恒的建筑方法为新城市范式提供了重要的理论背景和隐喻的普遍性，综合了许多来自麦克哈格的设计与自然协调的概念。

在一个好社区中，关键在于人们是健康幸福的和充满活力的，而不仅停留在社

好社区的探索：苏州邻里中心

苏州新城的邻里中心

区街道和广场的迷人形状。由于当代主流规划理论集中关注权力、空间和交流这类问题，新城市主义思潮的成功，反映在能够把其设计战略与政府发展目标和市场利益结合起来。新城市主义给正在寻找推进增长和城市复苏方式的政府提供了一个引人注目的远景。

1.5.4 把握好城市建构的核心要素：理念、资源、制度

城镇化的重要特征是产业集聚和人口的空间转移。一些大城市以及东部沿海地区政府都期望年轻的农民来打工，贡献青春和活力，但并未做好让农民工的家庭进入城市生活的准备。城市规划部门可以把世界上最美丽的城市搬到中国来，但漂亮的城市需要付出高昂的成本。推高的房价恰恰提高了城镇化的门槛，使农民很难融入城市。[36]目前城市化的观念高度关注物理空间环境的变化，把原来属于乡村的地域划入城市空间地域，可能导致空心的城市化。城市化的核心应该是人，包括生活在城市的上千万

上海外滩的早晨

农民工的全面现代化，并且让珍爱土地资源、环境保护、节能建筑、绿色生产生活方式等可持续发展的理念在城市化过程中得以体现。当前越是定位高大全的城市，越有可能从上级政府和金融系统获取更多的发展资源，越有可能在激烈的城市发展竞争中实现高速发展。我们必须关注在国家治理的顶层设计上，建立城市科学发展可持续发展的制度安排，引领资源配置的科学化，我们不能只注重城市有形资源的利用，忽视无形资源，包括文化资源的最优利用。

也许我们需要冷静地思考和综合分析我国新型城镇化的基础和历史方位，以利走出富有特色的城市建构时代之路。人均收入进入中等收入国家行列后，我国面临陷入中等收入陷阱的挑战；城镇化率超过50%后，开始由乡村中国向城市中国转变；劳动力供求关系发生重大变化，人口红利逐渐减少；数量扩张，外延扩大，追求高速度、高投入、高消耗的经济发展方式没有根本改变；出口导向型经济发展战略面临发达国家高技术和环境标准壁垒、贸易保护主义和汇率控制风险、能源和战略资源瓶颈约束等新的严酷的国际环境。

一些专家认为，新型城镇化的总体特色，应该是：①工业化、信息化、城镇化、农业现代化“四化”协调互动，通过产城融合和科技进步实现统筹城乡发展和中华传统农村文明延续的城镇化；②人口、经济、资源和环境相协调，建设生态文明的美丽中国，实现中华民族永续发展的城镇化；③以城市群为主体形态，大、中、小城市协调发展、展现中国文化自信的城镇化；④实现人的全面发展，体现人口和产业积聚、“市民化”和公共服务协调发展，建设和谐社会和幸福中国的城镇化。[37]

当代社会“以人为本”、“可持续发展”、“科学发展”、“和谐社会”等富有时代特色的新儒家价值观，作为现代城市建构的意识、制度、物质层面的新指导原则；在全球化、现代化、市场化的视野中，必将使中国的城市化和城市建构步入新的和可持续发展的新阶段。

参考文献

[1] 单霁翔．从功能城市走向文化城市 [M]. 天津：天津大学出版社，2007.

[2] 张孝德．中国特色城镇化模式：城乡两元文明共生模式——基于新能源革命、民族文化与“三高技术”的三维度分析 [J]. 经济研究参考，2013，1.

[3] Serge Salat. 城市与形态：关于可持续城市化的研究 [M]. 北京：中国建筑工业出版社，2012.

[4] （美）刘易斯・芒福德．城市发展史——起源、演变和前景 [M]. 宋俊岭，倪文彦译．北京：中国建筑工业出版社，2004.

[5] （德）克鲁夫特．建筑理论史——从维特鲁威到现在 [M]. 王贵祥译．北京：中国建筑工业出版社，2005.

[6] 黄玮．空间转型和经济转型：二战后芝加哥中心区再开发 [J]. 国外城市规划，2006，4.

[7] （美）雅各布斯．美国大城市的死与生 [M]. 金衡山译．南京：译林出版社，2005.

[8] （美）刘易斯・芒福德．城市发展史——起源、演变和前景 [M]. 宋俊岭，倪文彦译．北京：中国建筑工业出版社，2004.

[9] 牛建宏．宜居城市建设要从公众需求着眼 [N]. 中国建设报，2006-01-13（1）.

[10] （加）布鲁格曼．城变 [M]. 董云峰译．北京：中国人民大学出版社，2011.

[11] （英）兰德利．创意城市：如何打造都市创意生活圈 [M]. 杨幼兰译．北京：清华大学出版社，2009.

[12] （英）维克多・迈尔・舍恩伯格，肯尼恩・库克耶．大数据时代 [M]. 盛杨燕，周涛译．杭州：浙江人民出版社，2013.

[13] 李杨，方学．大城市：不做城市化的孤岛 [J]. 中国经济导报，2013-03-07.

[14] 俞孔坚，李迪华．城市景观之路——与市长们交流 [M]. 北京：中国建筑工业出版社，2003.

[15] 十年内我国将有 1318 座摩天大楼数量全球第 1，2012-09-23，燕赵都市网．

[16] （英）埃蒙・坎尼夫．城市伦理：当代城市设计 [M]. 秦红岭，赵文通译．北京：中国建筑工业出版社，2013.

[17] （英）斯蒂芬・马歇尔．城市．设计与演变 [M]. 陈燕秋，胡静，孙旭东译．北京：中国建筑工业

出版社，2013.

[18] （英）尼格尔·泰勒.1945年后西方城市规划理论的流变[M]. 李白玉，陈贞译. 北京：中国建筑工业出版社，2006.

[19] 卢永毅. 同济建筑讲坛　建筑理论的多维视野[M]. 北京：中国建筑工业出版社，2009.

[20] （美）凯文·林奇. 城市意象[M]. 方益萍，何晓军译. 北京：华夏出版社，2001.

[21] 亚历山大·楚尼斯. 建筑的冷与热[M]// 卢永毅. 同济建筑讲坛　建筑理论的多维视野. 北京：中国建筑工业出版社，2009.

[22] （英）霍尔. 明日之城：一部关于20世纪城市规划与设计的思想史[M]. 童明译. 上海：同济大学出版社，2009.

[23] 《"建构学的哲学"解读》，彭怒，《时代建筑》2004（6）.

[24] （美）肯尼斯·弗兰姆普顿. 建构文化研究：论19世纪和20世纪建筑中的建造诗学[M]. 王骏阳译. 北京：中国建筑工业出版社，2007.

[25] 伊尔根心. 旧金山新古典后现代. 新浪博客，2013-6-26.

[26] 薛凤旋. 中国城市及其文明的演变[M]. 北京：世界图书出版公司北京公司，2010.

[27] 杨荣斌，陈超. 从四城市看城市文化发展取向与城市定位[N]. 中国文化报，2005-08-30（4）.

[28] 刘合林. 城市文化空间解读与利用：构建文化城市的新路径[M]. 广州：东南大学出版社，2010.

[29] （英）柯林·罗，弗瑞德·科特. 拼贴城市[M]. 童明译. 北京：中国建筑工业出版社，2003.

[30] （英）迈克·詹克斯. 紧缩城市：一种可持续发展的城市形态[M]. 周玉鹏等译. 北京：中国建筑工业出版社，2004.

[31] （美）杰里米·里夫金. 第三次工业革命：新经济模式如何改变世界[M]. 张体伟，孙豫宁译. 北京：中信出版社，2012.

[32] （美）爱德华·格莱泽. 城市的胜利[M]. 上海：上海社会科学院出版社，2012.

[33] 芬彻等. 城市规划与城市多样性[M]. 叶齐茂等译. 北京：中国建筑工业出版社，2012.

[34] （美）布赖恩·贝利. 比较城市化：20世纪的不同道路[M]. 顾朝林等译. 北京：商务印书馆，2008.

[35] （加）吉尔·格兰特. 良好社区规划：新城市主义的理论与实践[M]. 叶齐茂，倪晓晖译. 北京：中国建筑工业出版社，2009.

[36] 肖金成. 城镇化十年进程反思[J]. 人民论坛，2013，2.

[37] 张占斌. 我国新发展阶段的城镇化建设[J]. 经济研究参考，2013，1.

第2章

长江三角洲城市群的串串明珠

自然地理意义上的长江三角洲，是指长江和钱塘江在入海处冲积形成的三角洲。经济地理概念上的长江三角洲城市群是以上海为龙头的江苏、浙江经济带。长三角城市群占中国经济总量近 1/4，这里是我国目前经济发展速度最快、经济总量规模最大、最具有发展潜力的经济板块。历史悠久的江南文化与近现代海派文化的交融，从鱼米之乡、锦绣江南到工业重镇、开放桥头、科技源头的历史性功能转变，使这里的城市建构韵味悠长，特色突出，各美其美，引领九州。本章重点解析上海、杭州、宁波、南京和苏州的城市建构特色，同时简要分析苏南五城市发展的再定位，比较周庄、南浔、同里、乌镇、朱家角水乡五名镇的差异化开发。

上海外滩夜景

2.1 上海市

2.1.1 海派建筑、海派文化、海纳百川、追求卓越

上海地处长江三角洲东部，襟江带海。资料记载宋代设青龙镇，坊市繁盛，海舶辐辏，一批建筑遗迹留存至今。元代上海置县，歌楼酒肆大量兴建。明代江南省松江府大致相当于今日上海市全境，时称“松江税赋甲天下”。至清嘉庆年间，上海城市楼宇相连，店铺林立；其中私家园林、会馆建筑成为上海古建筑一大特色。透过豫园的造园艺术，

城隍庙地段传统建筑的雕梁画栋、飞檐翘角，朱家角古镇粉墙黛瓦、小桥流水，可以想见当时上海的迷人风韵。上海经典古代建筑群，形制完整，布局严谨，木构架结构典型，雕刻艺术精湛，软土地基的处理和施工工艺富于创造性，在建筑技术和建筑艺术上都达到了较高水平。[1]

上海的大规模发展和建设得益于开埠通商后大规模的移民和内资集聚，以及大量外资涌入和舶来文化移植。1843 年上海开埠之后，中外移民抢滩上海，西方的建筑结构、材料、技术渗入传统的建筑业。上海租界新城区早期外国领事馆、洋行、银行、工厂、教堂、饭店、俱乐部和独立式住宅等新型建筑物，大多是 1 ~ 2 层楼的砖木混合结构的"券廊式"和欧洲古典式建筑。老式石库门里弄住宅是欧洲联立式住宅与中国传统立帖式砖木结构融合形成的上海民居独特类型。民国上海市政府筹划"大上海计划"，到抗战时期中止。这个阶段古典主义建筑登峰造极，现代主义崭露头角。上海近代建筑布局，沿黄浦江一带集中了近代行政、商业和金融业建筑；以跑马厅为中心形成了南京路、淮海路、福州路、金陵路和西藏路的商业建筑；向西沿苏州河、向东沿黄浦江汇集着许多工业建筑；高级住宅主要集中于西区。闸北、沪南和浦东等地有大量的棚户、简易木屋和平房。

根植于江南地区传统的吴越文化，开埠以后融入来自西方的文化，海纳百川、追求卓越、开明睿智、大气谦和的城市精神和公正、包容、责任、诚信的价值取向，逐步形成了独特的海派文化。从名声响亮的"十里洋场"到外滩古老的万国建筑博览群；从汇聚众多历史建筑的南京西路到老弄堂花园洋房遍布的愚园路；从小吃荟萃的豫园到集成老上海石库门里弄与现代休闲于一体的上海新天地。古香古色的历史建筑成为诠释海派文化的一张亮丽名片。[2]

南京路镌刻着上海的百年历史，先期建成的大新、先施、新新、永安四大公司满足新潮市民的多样化需求。沿街的和平饭店、华联商厦、时装公司、大光明电影院等 12 处经典大楼是"优秀近代保护建筑"，体现了多元西方建筑风貌和经典浪漫的海派韵味。新时代的南京路如何体现现代上海形象，展现上海品位？专家建议在一些历史建筑密集的地段，应该引导各大商家依靠富有魅力的建筑形式和色彩精心设计门面，使之与整条街的文化氛围、整体建筑结构和意蕴相呼应。[3]

外乡人到上海来，总是喜欢在苏州河桥头观察船民的水上生活，在静安寺石库门里弄体会邻里之情，到南京路浏览选购日用商品，到城隍庙品尝风味小吃，到外滩感受时尚与浪漫。有幸住在 18 层高的上海大厦，从窗口望出去，苏州河畔的尖顶教堂、花园别墅色彩温馨、尺度宜人，外白渡桥侠骨柔情、车水马龙，俄罗斯领事馆、浦江饭店古典风范、装饰雅致；黄浦江边外滩银行建筑群展现了文艺复兴建筑、新古典主义建筑、巴洛克建筑多种风格，和而不同、各美其美。在寸土寸金的大上海核心地段，

上海城隍庙商业街区

历史街区如此完整地保护至今，形成了城市的独特魅力，使人流连忘返，城市的历史记忆和文化坚守令人敬佩。

2.1.2 旧城改造精心策划，文化地产熠熠生辉

作为新中国的重化工业基地，20世纪50年代大规模改建、扩建了上海电机、沪东造船、上钢三厂等一些老国企，建设了闵行、松江、吴淞、高桥等工业区，建造了曹杨新村等一批工人住宅区。随着人口迅速增长，城建步履艰难：六七十年代的老上海，大部分石库门里弄住宅拥挤不堪；窗外长长的竹竿挂满晾晒的衣服，煤球炉烟雾缭绕，马桶和露天厕所带来了卫生隐患；外滩人行道边屈指可数的长凳上拥挤着几对谈情说爱的情侣；出差到上海的外地人想找一家旅馆住下来都很困难。

从20世纪70年代末起，上海开始引进国外先进技术，建设上海石油化工总厂二期工程、上海宝山钢铁总厂等现代化企业；上海体育馆、电视塔、联谊大厦、电信大楼、铁路新客站、国际贸易中心、上海影城等具有现代特色和各种使用功能的建筑相继建成。90年代，上海大规模建造了黄浦江三座大桥、地铁等大型市政工程，以及东方明珠、金茂大厦等大批高层建筑和高档商品房、多功能商务办公中心、金融中心等。

静安寺一带风韵

从 16 铺码头看上海变迁

到 2000 年年底，上海的旧区改造在不到 10 年的时间里，100 多万市民从市中心迁入城乡接合部，居住条件发生根本改变；上海城市面貌发生了脱胎换骨的变化。在基本完成拆除 365 万平方米棚户的改造目标之后，随着动迁成本节节上升，上海市不断探索市场化运行开发机制，逐步实现土地供应“控制增量、盘活存量”，“招标出让、熟地出让”，放缓拆迁总量，“支持收购贮备重点地块”，加大中低价位商品住宅供应，使旧改由政府强力组织转向更加尊重市场规律，适度推进。[4]

据统计，上海共有历史文化风貌区 44 片、优秀历史建筑 632 处。1991 年上海市政府率先颁布了《上海市优秀近代建筑保护管理办法》。2006 年上海市举办历史文化风貌区和优秀历史建筑系列宣传活动暨群众摄影活动启动仪式，当现代的摄影技术与文化底蕴丰厚的历史建筑融为一体时，人们看到的是一个大都市对文明的崇敬。[5]

“19 叁Ⅲ老场坊”是上海工部局 1933 年建造的钢骨水泥结构宰牲场，外观形体简洁，内部是古罗马迷宫式建筑。2006 年变身为“创意产业园区”，化身为当代艺术殿堂，

新天地视觉印象

微剧场、时装T台、时尚公司在此云集；先锋艺术、前卫工作室在这个巨大而怪异的空间里演绎着视觉冲击。富有创意的旧城改造、城市设计，以功能转变牵动空间组织整合内部装修，成功探索出化腐朽为神奇的工业遗产保护和再利用模式，老场坊成了名噪一时的时尚设计、创意发布、品牌定制、文化求知、旅游休闲的文化地产和创意空间。[6]

《世界文化遗产公约实施指南》把历史建筑的价值归纳为情感价值、文化价值和使用价值。保留建筑记忆，转换使用功能，焕发经济活力，延续它的自然寿命，发掘历史建筑蕴藏的巨大经济潜能；这是一种大智慧和全新的思维方式。[7]

上海“新天地”紧靠淮海中路、西藏路等商业街，内有国家重点保护单位“中共一大会址”和许多建于20世纪初的典型上海石库门里弄建筑。上海“新天地”改造为城市综合体的实践，是我国众多旧城改造项目中保留传统，改变功能，有效保护城市历史街区风貌的又一个典型实例。开发商采用了“整旧如故”、“存表易里”的方式，空间设计建构以步行街、里弄空间、开敞空间、院落空间和室内空间组成的整体环境，创新开发成具有商业经营功能，展现上海历史和文化，集时尚、休闲、文化、娱乐的综合性中心。“新天地”把这里变成了高密集人群和高品质环境的地区，带动了周边土地的全面升值，使开发商获得满意的回报率。

新天地怀旧情结

新天地里弄情怀

一个区域的历史文化遗迹有经济开发的空间，就更容易被保护下来，获得重生而焕发活力；“新天地”的商业运作由于把握住石库门这一城市历史文化遗产所具有的独特的经济价值，才得以大获成功。[8]

靠近传统商圈的田子坊改造成了国际性、文化性、互动性艺术创意和时尚空间，由于陆续入住中外创意企业、艺术家、工艺品商店，带动了周围三个里弄出租市场的繁荣。8 号桥创意园、同乐坊、红坊、上海 800 秀等旧城改造案例也各具特色。

在上海杨浦和虹口两区交界、大连路东，2003 年由 LOFT 创意商居、创意主题商业街、高层公寓三种地产形态构成的“海上海”新型社区，被誉为一个熔铸知、情、意的艺术空间，力图从整体上改变人们对

上海新社区

当代社区和生活方式的看法，担纲“新文化地产”的开山之作。完善的理论体系、明确的文化主题、创新的艺术风格、优雅的审美品位、独特的产品性能、持续的经营软件、领先的科技含量、精致的工艺细节，引领科学与人文、商业与艺术、西方与东方的精神融合。标志着人们对于解构传统思维和建构现代思想的新思考。[9]

2.1.3 “四个中心”建设与浦江两岸开发

在城市建设和改造的重大机遇面前，上海如何在现代环境中揭示对城市文脉的传承，通过城市设计显现落脚城市、功能城市、文化城市的场所精神，赋予城市新的功能、意象、形式，是一个重大课题。

按照建成我国重要的经济中心和航运中心，国家历史文化名城，并将逐步建成现

老码头的时尚空间

代化国际大都市，国际经济、金融、贸易、航运中心之一的城市定位，上海编制了城市总体规划（1999 ~ 2020 年），于 2001 年由国务院正式批准实施。这个规划的创新与特色是：进一步明确了沿江沿海发展空间，是上海城市发展的主要方向；按照中心城、市域、长江三角洲三个层次统筹上海城市空间布局；更注意将城市总体规划和经济、社会、环境发展规划有机结合起来，进一步提高城市综合功能；以环境建设为主体，营造上海城市新形象，促进上海可持续发展。

上海市规划院提出的规划评估研究报告认为，在经历了高速扩张式的发展阶段之后，城市整体开发建设将从侧重发展规模和速度向侧重发展效率和质量转变，城市各个系统的建设将从单个的物质空间落地向追求综合效率转变，城市规划本身也面临着从粗放式推进到研究性编制的转型和回归。

为了让市民认知和参与城市规划决策，在上海市政府大厦东侧建设的上海城市规划展示馆与西侧水晶宫般的上海大剧院相映成趣。展示馆通过“上海之晨”艺术模型、“百万市民大搬迁巨型浮雕”、“豫园”百年美景、“上海 1930”风情街、上海老照片、“大上海计划”史料、历年上海规划图、上海核心区域城市主体模型等，让市民全方位了解上海如何从历史走向现代，怎样创造美好的未来。

配合“四个中心”建设，上海不断优化区域发展布局，推动区划调整和功能优化。将南汇区划入浦东新区，实施黄浦区和卢湾区“撤二建一”；加快黄浦江两岸、临港地区、世博园区、虹桥商务区和上海国际旅游度假区等重点区域发展。浦江两岸综合开发规划范围包括吴淞口至徐浦大桥，涉及浦东、宝山、杨浦、虹口、黄浦、徐汇等几个行政区。在过去的 5 年里，浦江两岸大规模搬迁改造，腾出了约 14 平方公里的滨江空间，新建滨江绿地 597 公顷，新增亲水岸线 20 公里，积极推进吴淞口国际邮轮港等公共游船码头改造扩建。浦江两岸初步形成了多元化标志性建筑群，包括世博园区内的中华艺术宫、梅赛德斯奔驰文化中心、“外滩源”、南外滩的十六铺码头、北外滩的国际客运中心等，成为新的城市地标性建筑。[5]

2.1.4 浦东开发与郊区的现代化，总部经济牵动楼宇经济

上海的城市功能转变后，黄浦江两岸在金融、航运以及文化休闲产业方面的建设取得了突飞猛进的发展，其中陆家嘴金融城和外滩金融集聚带的建设尤为突出，这里集聚了全市四分之三以上的金融机构。多家航运业龙头企业总部、相关功能性机构及服务中介机构相继落户北外滩地区。

以金融、航运、贸易、社会服务业等为主的第三产业，成为支撑浦东经济增长的主导力量；紧紧依托一批国家级、市级开发区，进一步完善生产力布局；充分发挥陆家嘴金融贸易区、上海综合保税区、金桥出口加工区、张江高科技园区四个先发效应地区；临港地区现代化滨海新城、国际旅游度假区、世博地区城市公共活动中心三个新拓展区域，以及祝桥地区航空产业城等重点区域的优势，浦东在产业升级、制度创新和扩大开放等方面充分担当了主战场、领头羊的作用。[10]

浦东地区迅速集聚了一些跨国公司中国总部和金融机构、金桥碧云这样的豪华社区，汇聚了一大批外国商人、国内精英以及归国华侨，这些人需要现代设施满足方便快捷的生活。对于追求国际化生活和把上海当作落脚城市的新移民来说，浦东正是他们所追求的国际化大都市。

跨国企业、国际金融巨头抢滩上海，推动市中心地价房价和办公楼租金持续上涨，原本不被看好的郊区出现了较大的投资机会。地铁的建设和开通，成为促使郊区公寓房旺销的催化剂。五角场、闵行、南汇、松江都有开放型科技含量较高的产业支

上海的超高层建筑群

持，成为最先发展起来的区域；被吸纳来的外来人口，大都具有较高的学历和专业背景，收入较高。这些新上海人没有老房子，乐于住在有产业支持的区域周边公寓。嘉兴、台州、宁波、南京、苏州等地的民营企业，生产基地在本地；把上海作为对外贸易的窗口，对以总部基地为代表的郊区办公楼市场有很大的需求。他们需要城市副中心或者郊区提供具有仓储、物流、贸易谈判等综合功能的环境，以降低办公成本，因此造就了张江高科园区和松江工业园区的楼宇经济和总部经济比翼齐飞。[11]

2.1.5　城市建设新高度：超高层建筑群

在人们争论环球金融中心瓶起子、尖刀造型与金茂大厦宝瓶、宝塔建筑意向相克的时候，2008 年开工的上海中心大厦比著名的台北“101 大楼”还要高出 124 米；其外形设计体现出永恒未来的螺旋上升理念和婚纱蛋糕般的科学结构，采用了多项尖端绿色建筑技术，希冀成为目前世界上最高的绿色建筑；采用的“超深、大尺寸钻孔灌注桩工艺”，避免了常规钢管桩基施工过程中造成的土体挤压对周边环境的影响，以及噪声、废气等污染物的排放。[12]

不少专家对于在浦东高密度建设超高层建筑，一是担心地表不均匀沉降的危害日益严重；二是体量庞大的现代建筑缺乏人文关怀和生态情怀；三是过高的建筑造价和运行维护费用影响可持续发展；四是过高的能耗和脆弱的动力供应系统影响建筑运行安全保障；五是引领各地盲目攀比影响城市规划设计走进新误区。有人说写字楼是市场经济的图腾，高耸入云的写字楼是一家公司实力的象征。写字楼的形象在许多情况下早已超出了实用的范畴，更多地表现出精神上的象征意义，包括高度、形象、风格、地段、聚集、隐藏的形象力。然而脱离了解读形象力的受众心理和地域文化背景，这种建筑作秀往往并不讨好。据统计，世界第一高楼的出现，常常与过度膨胀的自信心和炫富诉求相伴，往往和一个地区的金融危机如影随形。[13]

一些专家提出，上海有300万户籍农民，有900多万外来常住人口，其中大多数是农民工。有必要将上海规划成为一个由特大城市、大城市、中等城市和小城市四级城市组合而成的城市群体系。根据城市区位的实际，科学规划郊区的大中小城市数量和人口规模，加快新型城镇化。要依据国务院批复的长三角区域规划，在新一轮的上海城乡规划体系与长三角城市群发展的联动思路上寻求突破，在市域城市群新一轮的城乡一体化布局构想上有所突破，创新规划与市域城市群有关的重大基础设施，突破体制机制壁垒。[14]

上海市政府工作报告提出，要让各类人才在我们这座城市拥有文化认同感、情感归属感、心灵愉悦感，近者悦而尽才，远者望风而慕，使上海始终保持旺盛不衰的创新活力。愿上海的城市规划、设计、建设、管理，助推这一目标早日实现。

2.2 杭州市

2.2.1 “三面云山一面城”，三吴都会“格古韵新”

古时杭州曾名“临安”、“钱塘”、“武林”，世界上最长的人工运河京杭大运河和以大涌潮闻名的钱塘江穿城而过。杭州古属吴越，两汉时修筑了第一条海塘，西湖与海隔断而成内湖。隋朝在凤凰山依山筑城，凿通江南运河，重镇杭州迅速崛起。到了唐代，杭州是东南大都邑。吴越钱王和赵宋王朝时代，杭州佛事鼎盛，留下灵隐、天竺、净慈等数座禅寺，奉享香火。北宋的杭州为全国四大商港之一。宋室南渡，紫气东来，杭州城阙高耸，宫室华丽，是国中第一大都市。杭州皇城环绕着凤凰山，兴建殿、堂、楼、阁，多处行宫及御花园。九巷八十坊的“坊巷制”城市格局保存至今。元朝，杭州被马可波罗赞誉为“世界上最繁华美丽的都市”。依照清光绪年签订的《马关条约》，

古城风韵

杭州开为日本通商商埠，拱宸桥辟为日本租界；洋务运动促进了杭州的近代工业的发展。

民国后，沪杭、杭甬铁路相继建成，钱塘江大桥竣工，杭州已有少数近代工业。政府拆满城，辟新街，道路敞阔笔直，如棋盘分布；街巷间所筑新居是时新的石库门住宅。南京的政客、上海的大亨、学界的名流蜂拥而至，在西子湖畔置办湖畔别墅、雅舍、静庐。[15] 至今，不少新郎新娘还喜欢在西博会旧址和名人故居前拍婚纱照，做永久的纪念。

杭州有 2200 余年的建城历史，保存着从吴越到南宋、明、清以来的“历史建筑”8000 多处。杭州的建筑文化特色是三吴都会风范、江南水乡特色、中西交融风格、东方园林典范；透露出博览群雄的气势，精致细腻的人文气息，“格古韵新”的独特风韵。空间布局依水而建，错落有致，将自然和人文完美结合。建筑形式以院落为主，形成高低错落、粉墙黛瓦、庭院深邃的建筑群体风貌。独特的山水城市环境，穿插水巷、小桥、驳岸、踏渡、码头、石板路、水墙门、过街楼等富有水乡特色的建筑小品。以随性而理性的建筑方式，沿山垒屋、滨河筑房。

2.2.2　西湖、大运河、南宋御街的保护和整治

游子说“千里迢迢到杭州，半为西湖半为绸”。杭州西湖以秀丽的湖光山色和众多

西子湖畔

的名胜古迹闻名中外。晴天水潋滟，雨天山空蒙；在春花、秋月、夏荷、冬雪中，各美其美。十里荷花、三秋桂子、白堤苏堤，至今诉说着白居易、苏东坡当年的书生意气和起伏人生；湖滨钱王祠、岳王庙，讲不尽前辈豪杰英武和忠勇旧事。近些年杭州市动迁疏解湖滨非保护建筑，让纯真、秀美的西子回到民间，2011 年杭州西湖正式列入《世界遗产名录》。《西湖风景名胜区总体规划》确定西湖风景名胜区范围为 59 平方公里，外围保护区范围约 40 平方公里。风景名胜区内严格控制建筑高度、体量、造型、色彩；外围保护区重在保护自然资源，改善生态环境，逐步搬迁有污染的工厂和其他不适宜的建设项目；保持景市相融、精致和谐的景观特色。

穿城而过的古老运河，从杭州起，过嘉兴，经苏州，向镇江而去，全长 400 多公里；岸边那些石桥古埠、寺塔仓廒、街肆集镇等旧时风物历历在目。沿河而建的塘栖古镇老街，还有“过街楼”、“桥棚”，江南水乡特色突出。如今水北街一段依然保留着当年格局和风韵。在窄窄的石板路小街，看木楼小店铺手工做麻糖、包粽子；在运河畔廊檐街美人靠，看广济七孔桥水中倩影，仿佛时光倒流。古镇历史街区的系统城市综合体开发，需要结合大运河世遗保护工程的需要进行顶层策划和设计。

建于光绪年间的富义仓是杭州现存唯一的运河航运仓储建筑。当年杭州所用的米粮皆从运河漕运而来，储于富义仓，与北京的南新仓并称为“天下粮仓”。横跨大运河的拱宸桥为三孔石拱桥，是京杭大运河到杭州的终点标志。桥形巍峨高大，气魄雄伟，是杭州拱墅区的标志性建筑物。桥的东西两岸分别建有中国京杭大运河博物馆、中国伞博物馆、中国扇博物馆、中国刀剪剑博物馆。

塘栖古镇广济桥

杭州古有“前朝后市”之称，前朝指凤凰山南宋皇城；后市指“北有市肆”，即中山中路一带。南宋时这里是杭州的城市商业中心；明代曾有“一代繁华如昨日，御街灯火月纷纷”的诗句；清代是这一地区商业发展的鼎盛时期。杭州的闹市从鼓楼起，至清河坊、三元坊一带，留下了大量的历史遗产。在《杭州市城市总体规划》中，中山中路被作为历史街区加以保护。

2004 年编制的《中山中路历史文化街区保护与整治规划》，突出“以古为魂”的理念、发挥“由古而名”的优势，做好“借古而兴”的文章，打造“因古而规”的历史街区新面貌；其编制思路和方法值得借鉴。

通过翔实的街区历史资源调查、城市形态和空间存在的问题调查进行街区的总体城市设计，包括特色街区定位、形态、用地、交通等内容。对历史街区重要的节点、全路段两侧立面沿线、街道内部地块利用层面的整治，采用主题定位分段设计的城市设计方法，将中山路分为 3 个空间段落，8 个主题街区，改造成一条集中体现杭州古城独特文化和历史，集商业服务、休闲观光、生活居住为一体的传统商住综合街区。南段定位传统步行街区，具体包括传统清河坊、精品太平坊、特色保佑坊 3 个主题街区。中段定位传统风貌街区，具体包括时尚三元坊、文化崔家巷、休闲石贯子 3 个主题街区。北段定位商贸街区，具体包括孩儿巷商住街区及百井坊商贸街区。[16]

2.2.3　结构形式传承、意蕴象征导引、功能有序扩展、文脉符号展现

专家学者认为杭州的城市建设和建筑设计应把握好四个原则：融入自然的山山水水之中，体现天人合一的理念；把文化内涵放在突出的位置，使建筑功能与地域文化特征有机融合；把惠及民生作为基本出发点，满足市民不断增长的实际需求；既要形色多样更要彰显地方特色，在传承建筑文化脉络中不断创新。

杭州清河坊历史文化街区是修复和重建的传统商铺建筑群，将街道还原为清一色

杭州胡雪岩故居

的青石板路，街两旁建筑的内外装修与传统风格相协调，恢复了“河坊街邮局”、“胡庆余堂国药号”等“老字号”商铺；古董商铺古韵十足。

杭州胡雪岩故居按照“修旧如旧”、“原状复原”的要求，严格按照古建筑法式，运用传统的平面布局、空间分割、外观设计以及建筑细部样式，通过复制和仿制等手法重现历史建筑。无论是宅邸园林布局还是砖雕、石雕、木雕、堆塑等细部处理，均再现了豪宅当年风采，成为东方木结构古建筑复制的成功之作。

杭州雷峰塔是用现代设计工艺重建的历史建筑，满足人们登塔眺望西湖全景需求。新塔按照世界遗产保护“可逆性”原则，采用了全钢结构，对雷峰塔遗址实行架空支撑，采用铜制建筑工艺，发展了中国的传统铜雕文化，表现出雷峰塔原有宋代建筑文化的精髓。

杭州黄龙饭店建筑组群虽属现代建筑，每幢大楼屋顶均采用了中国传统的大屋檐，各幢大楼之间又布置了传统的江南山水园林小品，整个建筑组群既具江南特色，又具现代气派。杭州大学老校区教育建筑采用传统地方建筑的典型符号强调地方传统和民俗风格。中国美院象山校区用传统符号作为标识，既强调建筑的文脉感，又体现西方后现代主义建筑的手法和理念。

杭州湖滨景区的改造不求建筑形态上的相似，而是追求旧湖滨“气质”上的神似，

杭州雷峰塔

以达到“不似旧湖滨，胜似旧湖滨”的效果。

历史建筑是承载历史记忆最深厚的载体，老房子是一座城市的“根”和“魂”。目前杭州市公布了 6 批共 336 处历史建筑名单。仲向平在《杭州老房子》一书中说，历史建筑不乏被改造成咖啡吧、旅馆等商业用途的例子：恒庐现在被租用为美术馆；首届西博会创始人程振钧旧居被租用作南山书屋；还有不少历史建筑则作为公益性的博物馆。[17]《杭州市历史文化街区和历史建筑保护条例（草案）》将“鼓励购买或租用历史建筑”改为“鼓励各种社会力量通过捐赠、资助、技术服务等方式参与历史文化街区和历史建筑保护工作”。

专家议论杭州历史特色建筑元素的传承与创新时认为，杭州是闻名遐迩的千年古都，历史文化脉络依旧保存，城市建筑文化脉络的演进轨迹依稀可见，8000 多处“历史建筑”是杭州建筑形式的“基因”库，是新时期创新杭州地域文化建筑形式的宝贵资源。杭州市城市科学研究会“杭州历史特色建筑研究”课题将历史特色建筑分为园林特色建筑、民居特色建筑、工商特色建筑、宗教特色建筑、公共和其他特色建筑五个领域，组织专家进行分类研究、案例剖析，对历史特色建筑的形式、元素、符号、材料、色彩、工艺、气质等要素进行了提炼，对下一步如何传承、创新和应用进行了广泛深入的探讨。

实践证明，纯粹的传统建筑形式在功能等方面已经不能适应现代社会需求，单纯

杭州西溪中国湿地博物馆

的建筑形式复古不符合城市发展演变的规律，也不能适应城市发展的现实需求；过于简单化的现代建筑形式，千篇一律、千楼一面，使城市形象黯然失色；过于繁杂，五花八门的“仿欧”建筑，又与杭州城的“优雅别致，清新灵秀”的建筑意境相悖。因此城市设计要注意把握历史建筑的基本特征和文化内涵，总结城市有机更新的成功经验，研究建立杭州建筑形式的技术体系。需要总结概括传承创新的模式，深度发掘地域文化和建筑文脉，极大丰富建筑创作的源泉；通过结构形式传承、意蕴象征导引、功能有序扩展、文脉符号标识等设计理念和处理手法，采用“形式”的复制、“元素”的提取、“符号”的引申、“材料”的应用、“色彩”的延续、“工艺”的进化、“环境”的复原、“气质”的传承等途径，创新具有时代精神、地域特色和民族形式的“杭州建筑形式”，在建筑功能效率最大化的同时，实现城市地域文化传承和创新。[18]

2.2.4 建设人文杭州，焕发历史文化名城的青春

杭州制定的历史文化名城保护规划，按照“历史文化遗产保护优先，全面、科学、系统保护”和“保护自然山水与历史文化遗产有机结合的整体环境，保护和抢救文物古迹、历史街区和地下遗址，保护宗教文化与民族文化，突出南宋都城文化、吴越文化、良渚文化的发掘与展示，保存历史风貌和改善环境并举，保护和利用相结合”的原则，形成一个分层次、多方位、完善的保护体系。

重点保护 10 个历史文化街区和 16 个历史地段；启动京杭运河申遗工作，实施京杭运河综合整治和保护开发工程；保持西湖风景名胜区内的五个特色文化保护区的文化特色；加强对余杭塘栖镇、萧山进化镇、衙前镇三个省级历史文化保护区的保护；建立各类博物馆系列，加强对传统文化、民间艺术、传统工商企业和“老字号”、传统地名的保护。

水是杭州的根和魂，杭州实施西湖、西溪、运河综合保护，河道有机更新，钱塘江水系生态保护等工程，尽显江湖河海溪五水并存城市的独特魅力和可持续发展能力。距西湖 5 公里的杭州西溪国家湿地公园，被誉为“杭州之肺”；是目前国内第一个也是唯一的集城市湿地、农耕湿地、文化湿地于一体的国家湿地公园。西溪自古就是隐逸

之地，被文人视为人间净土、世外桃源。秋雪庵、泊庵、梅竹山庄、西溪草堂在历史上都曾是众多文人雅士的别墅。西溪天堂的整体构思缘于西溪湿地保护工程中“大型旅游公共服务中心”、“酒店集群”的概念，策划为以国际酒店集群为核心，融合中国湿地博物馆、国际俱乐部、精品商业街、酒店式公寓、产权式酒店、旅游公共服务设施为一体的“国际旅游综合体”。建筑的体量、色彩、质地、形象亲切宜人；空间的围合接续，疏朗、渗透；芦荡扁舟、花影石桥、江南庭院、粉墙黛瓦，情境温馨；礼貌规范的现代服务，让人心醉。西溪天堂邀请了五位世界级建筑设计大师领衔近 60 家境内外精英团队参与设计，开中国旅游综合体之先河，创国际休闲、度假的天堂。

城市色彩作为城市公共空间中所有裸露物体外部的色彩总和，是城市面貌的一个基本构成要素，承载着重要的历史、文化、美学信息。无序的城市色彩泛滥和普遍的视觉污染给城市形象造成了负面影响。因此，城市色彩研究与规划必须纳入城市规划体系，将城市色彩控制作为城市规划的重要内容列入规划文本，有效保障城市色彩规划的法律效力。《杭州市色彩规划研究》提出，城市色彩规划体系的构建必须在充分认识“城市色彩”构成要素的基础上，从宏观、中观、微观多尺度研究城市色彩的控制和引导方法，并能够与规划体系相互适应、相互沟通。其基本层次应包括城市色彩总

杭州西溪天堂韵味

杭州经济技术开发区

体规划 / 城市色彩规划设计导则 / 场所色彩设计。[19]

2.2.5 新功能新布局新规划，由“西湖时代”走向“钱塘江时代”

根据 1983 年国务院批准实施的杭州市城市总体规划（1981 ~ 2000 年），杭州在构筑大都市，建设新天堂的框架之内，以江、湖、山、城为基盘，以绿色为基调，以主要河、路为骨架，重点建设西湖、钱塘江、运河、城市绿地、特殊地貌五个景观面，以及城市广场、城市公园、重要文物古迹、标志性建筑和城市雕塑、小品五种景观点，形成完整的城市景观体系，充分表现了杭州历史文化名城和风景旅游城市的风貌特色。1996 年钱塘江南岸萧山区的浦沿镇、长河镇、西兴镇和余杭区的三墩镇、九堡镇、下沙乡划入杭州，杭州城区得以跨江发展，钱塘江南岸新设滨江区。2001 年萧山、余杭撤市建区，与原 6 个区构成一个新杭州。一个以钱塘江为轴心的长江三角洲地区仅次于上海的区域性大都市开始形成；推动杭州城市以围绕西湖建设发展的“西湖时代”，跨入以钱塘江为依托，沿江开发、跨江发展的“钱塘江时代”。

2007 年国务院批复的新一轮城市总体规划（2001 ~ 2020 年）中，明确杭州的城市性质和功能定位，作为长江三角洲中心城市之一、国家历史文化名城和重要的风景

杭州钱江新城

旅游城市，确定了以杭州主城为中心，以钱塘江为轴线，形成“一主三副六组团”的空间布局。保护好“三面云山一面城”、“城湖合璧”的城市景观，维护旧城的基本格局。

作为杭州发展现代服务业和省会经济的主平台，钱江新城规划定位为杭州市城市新中心和长三角南翼中心城市中央商务区，集行政办公、金融商贸、文化娱乐、居住和旅游服务为一体，塑造杭州城市未来的中心。钱江新城规划面积21平方公里，融合了江、湖、城三大特色，汇聚市民中心、杭州国际会议中心、杭州大剧院、城市阳台等地标建筑，汇集了万象城、高德置地广场、凯德来福士广场、娃欧商场等商业地标，形成了日月同辉、广宇六和、城市阳台、市民广场、波浪文化城、江河共汇、新城夜色、艺术林苑、临江漫步、钱塘搏浪等十大自然人文景观，气势宏大，色彩谐调，文脉清晰，格古韵新。世纪花园、森林公园、中央商务区公园、新塘河等绿色氧吧和城市之肺的建设与护理，使钱江新城拥有良好的绿色生态环境。

钱江新城的10年规划建设，拉开了杭州由“三面云山一面城”的“西湖时代”，向“一江春水穿城过”的“钱塘江时代”大转变的序幕：城市东扩，旅游西进，沿江开发，跨江发展。实施“南拓、北调、东扩、西优”的城市空间发展战略，形成“东动、西静、南新、北秀、中兴”的格局。中心城区包括主城和江南、临平、下沙城三个副城，承担生活居住、行政办公、商业金融、旅游服务、科技教育、文化娱乐、都市型高新技术产业功能，逐步形成体现杭州城市形象的主体区域。六大组团吸纳中心城区人口及产业等功能的扩散，形成相对独立、各具特色、功能齐全、职住平衡、设施完善、环境优美的组合城镇。[20]

2.3 宁波市

2.3.1 江南沿海滨江名城：独特的城市细部结构和城市肌理

宁波沿海滨江，奉化江、姚江在城区中心三江口交汇，经甬江流入东海；以港口文化、府城文化、藏书文化、慈孝文化、名人文化著称。早在唐代，依托优良港口与日本、朝鲜、东南亚贸易往来，经济繁荣，奠定了城市格局基础框架；日月湖、天封塔、灵桥、它山堰、国宁寺、后海塘等古典建筑留存至今。吴越五代王钱镠的开明政策促进了辖下宁波的经济发展。宋代这里设立了中国历史上第一个海军衙门，成为丝绸之路的海上出发地。元代，宁波已经成为南北货物的集散地和全国最为重要的对外贸易港口之一。明代宁

宁波城隍庙街区

波商帮兴起，文风日盛。清代被辟为五口通商口岸之一，外资内资集聚，掀开了宁波近代化的序幕。民国初年，宁波有过短暂的发展时期，拆除了旧城墙，兴建了大批市政设施；宁波商帮势力得到了较大的扩张，为中国的民族工业奠定了基础。从城市基本结构和形态看，宁波是江南水乡与海港城市的完美结合。

中华人民共和国成立后，作为对台战略前哨和东海舰队驻地，宁波经济发展没有大的举措；随着人口不断增长，老城区压力越来越大。老城区住房条件简陋拥挤，大多数住户没有供暖、排污和适当的供水设施，主要商业街道狭窄杂乱，通行条件差。

20 世纪 70 年代中后期和 80 年代初期，宁波开发建设了镇海港、镇海炼化；在国务院宁波经济开发协调小组的领导下，宁波作为沿海开放城市、计划单列市，大量吸引外资，迅速发展。1986 年的城市总体规划提出改善住房、交通、道路和基础设施的要求，之后在世界银行的浙江多城市开发项目中得以实施，同时保护和修复了四条道路沿线的重要文化遗产和城市结构，对在道路建设中不可避免的历史遗产进行了合理的迁移、重建和保护。宁波范宅文化中心商场、城隍庙综合商场、贺秘监祠是古建筑成功修复再利用的实例；96 公顷月湖保护区建成为宁波市的历史文化景区和风光宜人的城市公园。关帝庙、居士林香烟缭绕，徐士栋故居、蒋氏老宅古色生香，越过花丛草坪凝望亭台楼阁的水中倒影，多少书生意气、风流韵事、前朝典故如在眼前。

宁波月湖保护区

在城市现代化进程中，通过延续独特的城市细部结构，包括土地使用和道路网络的模式、多种建筑风格和民俗活动，增强市民对于城市文脉的认同感和归属感，增加历史名城的独特建筑文化魅力。1999 年世界银行副行长伊斯梅尔•萨拉格丁据此评价，宁波是一个致力于解决老城区改造和文化遗产保护这一内在矛盾的城市典范。[21]

2.3.2 整治更新历史街区，挖掘历史文化遗产，构筑长三角最佳休闲旅游地

宁波老外滩地块紧靠三江口城市中心，沿甬江展开。作为“五口通商”以后城市近代发展的物质见证，天主教堂、外国领事馆、银行、轮船码头一字排开，几乎记录了宁波开埠的整段历史。20 世纪初，这里发展为盛极一时的十里洋场，诞生了中国最早的轮船公司，出现了中国第一家外资银行。无数商人从这里走向上海、走向香港、走向世界，成就了辉煌的“宁波帮”。老外难作为宁波最为著名的近代历史街区. 在城市文脉与历史风貌保存和高成本商业运作回报的双重压力下，历史街区的更新和改造不仅采取了保护和复原的方式，还运用了植入和拼贴的手法，一系列的矛盾与对立最终造就了一个多元的城市空间。[22]

老外滩街区建筑密集，街巷狭窄；街区内的建筑大多 3 层左右，街巷尺度小巧宜人，曲折的街道线型带来丰富的空间变化。2002 年宁波市政府着手对老外滩地块进行整治和改造时，在城市设计上以小尺度的街道和小广场为主角，努力保存历史建筑风貌与城市文脉千丝万缕的联系。独特的中西合璧建筑风格得到了尊重；整个街区以素雅的青砖为主体装饰材质，建筑的尺度、质地、色彩、形象让人们感到温馨、舒适、惬意、浪漫，时常吸引年轻人在这里拍摄婚纱照，希冀温馨一刻带来百年好合。置身老外滩地块的甬江边狭长绿地、景观小品与木质观景平台，隔江东望早期工业集聚区，连绵的闲置废弃厂房正在规划改建为宁波的创意文化产业基地和滨江休闲基地，与老外滩一起，构建宁波新城市文化与发展的场所空间。

2002 年开业的天一广场，是宁波最核心的商业地块；闻名天下的古老藏书楼天一阁与地块中保留的大屋顶清代建筑药皇殿、尖塔高耸入云的哥特式天主教堂，述说城市的发展历程和多元文化的和谐。从天一阁到天一广场，再到老外滩，透出城市现代化与传统文脉机理交互融会的城市意象。2005 年正式开业的老外滩街区已经成为众多商家、外国商会与办事机构的云集之地；国内外高端品牌在此汇聚，成为最具时尚魅力的宁波城市名片。宁波城近代历史街区更新作为成功案例，在城市设计统筹下的商业气氛营造方面既满足了商业要求，又维护了历史街区整体风貌。

宁波市正在挖掘和利用历史文化遗产，通过月湖文化创意产业核心基地、两条府城轴线（中山西路一线穿越时空的历史文化走廊、镇明路一线宁波老城厢的历史文化

根脉）、沿江海上丝绸之路商贸文化走廊空间布局形态、南塘河电影一条街、南站商贸旅游文化窗口、鼓楼府城文化旅游街区、城隍庙老字号商圈、沿江海丝文化走廊水乡运河文化体验带等历史文化系列工程的确立，梳理历史文化资源脉络，重构资源空间组合结构，打造精品文化旅游线路，实现分散的历史文化遗产整体功能效应的最大化。走过元代永丰库遗址，走进鼓楼美食文化步行街，江南水乡古城风韵吸引着游客的眼球，浓浓的乡情乡音留住游子匆忙的脚步。天峰塔前莲赢台地产开发打出名门豪宅品牌；老城改造的城市设计科学安排，使得历史建筑、景观环境、交通网络相得益彰，历史名城诗意栖居功能与时俱进，带动文化地产、商业地产备受追捧而不断增值。

宁波老外滩街区

宁波鼓楼和永丰库遗址

宁波鼓楼文化区

宁波市有序推进大运河（宁波段）和“海上丝绸之路”申遗工作，推动江北“天主教堂与外马路历史街区”、“新马路历史街区”组合申报中国历史文化名街。加强国家水下文化遗产保护宁波基地建设。实施月湖西区、伏跗室永寿街历史文化保护整治工程，发挥庆安会馆、保国寺等历史建筑群的文化功能，加大历史地段重要文物建筑和传统民居群抢救保护工作力度。规划建设中国（宁波）港口博物馆、宁波·中国大运河出海口博物馆等特色文化设施，进一步完善“三江文化长廊”、“十五分钟文化活动圈”建设。

宁波天主教堂与外马路历史街区

旧城的改造和建设促进了城市经济的发展，提高了市民的生活水准，为城市以人为本的可持续发展奠定了良好的基础。但是城市中心区房价地价高涨和建筑高度密集，有可能危及历史街区的存亡，进而破坏城市传统格局。有人说，不破不立，这是城市现代化必需付出的代价。然而，宁波的成功探索证明，通过努力保护城市历史和文化环境，能够提高城市品位和居民生活质量；通过挖掘历史文化底蕴，能够激发市民的自豪感和凝聚力；通过发展旅游文化和文化地产相结合的企业，能够创造更多就业和增加收入的机会；通过强化城市特色，能够增强对境内外投资者的吸引力。

《今后五年宁波市服务业跨越式发展行动纲要》明确提出要将宁波打造成为长三角最佳休闲旅游目的地。重点打造休闲旅游基地、商务会议基地；从空间上形成“一核四区二十大基地”发展格局，以现有的观光型产品为主体，逐渐向以休闲度假产品为主体，观光旅游、文化体验、康体养生、商务会议等产品互为支撑的旅游形态转变。培育“大海、大港、大桥、大佛、大湖”等旅游品牌，把宁波基本建设成为富有鲜明城市个性和魅力、拥有高品质休闲环境、享有较高知名度和美誉度的长三角最佳休闲旅游目的地。通过提升国际港口文化节、中国开渔节、中国开游节、中国梁祝爱情节、中国弥勒文化节等节庆品牌，提升宁波旅游经济强市的影响力。

宁波舟山码头

2.3.3　从三江口到杭州湾，发展临港产业集群，构建宁波国际港口都市圈

依据邓小平所提出的“把全世界的‘宁波帮’都动员起来建设宁波”，以修建北仑港和布局临港新城作为切入口，拉开宁波市现代化发展新框架。宁波港跻身于世界一流港口的行列，2009 年宁波舟山港海上货物吞吐量跃居全国第一；蓬勃发展的临港工业成为宁波经济的一大支柱，宁波成为长三角重要的经济中心。2010 年国务院发布长江三角洲地区区域规划，将宁波定位为“先进制造业基地、现代物流基地和国际港口城市”。围绕宁波基本建成现代化国际港口城市总目标，以“港口、城市、文化”发展为主线，宁波市通过举办富有“文化内涵、港口特质、国际元素”的系列活动，以文化的凝聚力和辐射力提高港口和城市间的交流合作。

宁波市提出“十二五”时期加快打造国际强港，加快构筑现代化国际港口城市。重点推进梅山、大榭、穿山三个港区专业码头建设，规划开发象山港、三门湾等岸线，优化港口结构与布局。大力培育“三位一体”港航物流服务体系，以液体化工、铁矿石、煤炭、钢材、木材、塑料、粮油、镍、铜等为重点，积极打造大宗商品交易中心，力争形成若干个在长三角、全国甚至全球有影响力的交易平台。

深化与绍兴、舟山、台州、嘉兴等周边城市的合作，提升浙东经济合作区的一体化水平，着力打造宁波都市经济圈。近年来宁波港收购或参股建设乍浦港、台州港，并与温州港的龙湾港区和灵昆港区进行了深入的合作。深化港航战略合作，建立与嘉兴、温州、台州等港口的联盟合作关系，形成浙江港口联盟。充分发挥深水良港和多式联运优势，按照“散集并举、以集为主”方针，建立健全与上海港在航运、金融的合作发展机制，参与上海国际航运中心建设。

以宁波舟山港及其依托的城市为核心区，优化海洋经济空间布局，巩固和提升宁波作为全国性物流节点城市和上海国际航运中心主要组成部分的地位。重点规划建设杭州湾区域、镇海北仑区域、梅山春晓区域、象山港区域、大目涂区域和三门湾（宁海）区域，力争成为宁波海洋经济发展的战略支撑区域。

深入实施主体功能区战略和区域发展战略，合理引导生产力布局和要素流动，宁波正在优化城市空间布局和形态，着力构筑以中心城六区为核心、以余慈地区和宁波杭州湾新区组团为北翼、以奉化宁海象山组团为南翼、以卫星城和中心镇为节点的网络型都市区新格局。

大进大出的临港工业和集群式的民营工业是宁波市工业经济的两大支柱。20 世纪 70 年代，宁波临港工业从无到有，初步形成了石化、钢铁、能源、交通设备、造纸、装备制造六大产业群。经过 30 年的快速发展，产业基础雄厚，顺应国家发展重化工业的整体战略和长三角区域规划的要求，宁波充分发挥港口资源优势，坚持“集群化、循环化、高端化”方向，努力打造国内一流、国际先进的临港先进制造业基地。全力打造纺织服装、家用电器、电子电器、精密仪器、汽车零配件、模具文具等十大产业集群，加快推进新兴产业和特色优势产业基地建设。

宁波正在按集约化发展要求，依托产业园区和产业新基地，推进传统块状经济向现代产业集群转变。以“布局集中、用地集约、产业集聚、管理集成”为目标，高水平建设宁波杭州湾、梅山两个省级产业集聚区，加快规划建设慈溪工业园区、江北高新技术产业园区和宁海三门湾工业园区，研究推进奉化滨海区块、象山滨海区块等新产业集聚平台建设，打造成为转型发展的产业新基地和城市新空间。着力形成“三区互动、三沿布局、三产融合”的产业空间新格局。

市中心推土机轰鸣，开发区塔吊林立，高架路载重车往来穿梭，展现了宁波城乡一派繁忙景象。我们需要高度关注新城老城的文脉互动，建筑文化的区域协调，产业集聚区城市综合体服务功能的完善和宜居氛围的营造，以及重大开发项目投入产出的良性循环和生态、社会的综合效益与可持续发展前景。

2.4 南京市

2.4.1 金陵：十朝都会风韵犹存

南京，山有紫金栖霞，水有玄武秦淮；钟山龙蟠，石头虎踞；东吴、东晋、刘宋、南齐、萧梁、陈朝、南唐、大明、太平天国、“中华民国”十朝轮番登台。斑斑驳驳的老城墙，直到今日仍有三分之二的残垣屹立于钟山山麓，秦淮河畔。

南京老城内钟山余脉逶迤入城，被称为城市“龙脉”，是南京城“虎踞龙盘”的由来之一，并与玄武湖、明城墙一起构成了“山、水、城、林”的城市特征。从 2002 年开始，南京斥巨资改造北极阁风貌区，建成北极阁广场，修复大钟亭公园，拆建并扩容鼓楼广场，实施南京九华山和紫金山余脉营盘山规划方案，自钟山锲入主城的黄金“山水线”全部疏通。[23]

登北极阁的城墙眺望，虽然坚固的玄武门巍然屹立，那显赫一时的帝王将相、魏晋故事、萧梁盛世，连同皇宫大殿都随王朝更迭，兵燹战乱，烟消云散。金鸡寺高低错落，令人想起古来四百八十寺，风流总被雨打风吹去；玄武湖烟波浩渺，潮打空城寂寞回。

民国时的《首都计划》制订出了国都南京的规划蓝图，虽因战乱、经济等原因没有全部实施，但从南京城至今留存的林荫大道、环岛式广场、洋楼公寓、总统府、海军部等公共设施，以及气势宏大的中山陵等，还能看出城市设计的精心谋划和洋为中用的探索。[24]

明城墙、护城河合围的南京老城是历史文化的集中承载地，是古都的核心，南京历代都城的遗址、历史文化遗存的精华所在。徜徉在历史文化街区，人们依然能够感怀朱自清所说“六朝的兴废，王谢的风流，秦淮的艳迹。”2009 年形成的南京市总体规划纲要提出：老城应作为南京历史文化名城保护的重点，整体保护老城“龙盘虎踞”的山水环境、“环套并置”的历代都城城廓、历史轴线和街巷格局。控制老城景观视线走廊，划定老城高层禁建区，整体保护老城空间形态。保持南京特有的

南京总统府

夫子庙老街区

秦淮河风光带

古都格局、历史风貌和空间尺度，从而形成名城整体风貌和历史文化氛围。

规划纲要将城南、明故宫、鼓楼-清凉山3片历史范围相对清楚、反映不同时期的风貌特征、需要特别保护控制的地区划定为历史城区。新建建筑要吸取传统文化精髓，体量和风格等必须与邻近的文物保护单位、历史文化街区、历史建筑等相协调。确定了9片历史文化街区：颐和路民国公馆区、梅园新村民国住宅区、南捕厅传统住宅区、门西荷花塘传统住宅区、门东三条营传统住宅区、总统府历史建筑群、朝天宫历史建筑群、金陵机器制造局历史建筑群、夫子庙传统文化商业区。采用渐进式的有机更新方式，建立历史建筑的长期修缮机制。历史文化保护更新项目的规划和详细实施方案，实行专家论证和公示。

漫游夫子庙秦淮风光带，赏不尽孔庙学府香火繁盛，江南贡院人头攒动，秦淮庭榭流光溢彩，美食街坊香君扇摇，乌衣巷口王谢故里清俊风雅。可惜的是，十里秦淮人为分割，难于表现古都核心的大气、雍容、雅致、繁盛。

2.4.2 着力构建国家重要的区域中心城市

在专家咨询论证的基础上，总体规划（2007 ~ 2020年）将南京城市性质调整为“著名古都、江苏省省会、国家重要的区域中心城市”。城市主要功能表述为：国家历史文化名城、国家综合交通枢纽、国家重要创新基地、区域现代服务中心、长三角先进制造业基地、滨江生态宜居城市。

市域城镇发展布局，构筑中心城-新城-新市镇三级城镇等级体系，形成以主城

金鸡寺明城墙风光带

南京老城玄武门

为核心，以放射性交通走廊为发展轴，以生态空间为依托，多向开敞、轴向组团、拥江发展的现代都市区总体空间结构。在完善主城功能的基础上，把城市发展的重点空间转到外围的三个副城，拉开南京的未来发展框架，为加快南京的经济社会发展提供更广阔的发展空间。

发挥南京雄厚的科教资源和现代服务业基础优势，形成“服务业为主导、先进制造业和高新技术产业为支撑、现代农业为补充”的产业结构。按照“集中集约、优化整合、差异发展”的原则，加强主城工业用地布局的优化调整，引导新增工业向省级以上开发区集中，促进产业的集群发展和空间整合。主城利用传统工业退出的机会，积极发展金融保险、商务会展、软件和信息服务、总部经济、文化创意、研发设计、现代物流等生产性服务业。副城完善传统服务业，积极发展现代服务业。新城、新市镇大力发展商贸流通、社区服务等生活性服务业。全市构筑产业相对集中、层次分明、相互支撑的 12 个工业板块。

南京城市轨道交通线网，将由联系中心城与近郊新城组团的市域快线、联系主城与副城的城区干线、强化高强度密集中心地区轨道交通服务的加密线组成；将跨江通道由现行规划的 8 条调整到 10 条，远景预留 4 条。

在进行滨江快速路规划与实施时，将考虑滨江观景的需要，处理好人行交通与绿地公园的关系，采取互动协调的交通组织形式。规划提出保护好生态园区、饮用水源保护区和生态涵养区、城市生态维护区三类重要的生态功能区。规划形成长江湿地带状绿地，滁河、秦淮河湿地带状绿地，明城墙风光带和功能区结合部绿地都市区绿地系统，使居民出行 5 分钟便能到达一处公共绿地。鼓励采取屋顶绿化、垂直绿化和破墙透绿等方式增加绿视率和绿化覆盖率，改善气候环境和景观效果。

在长江岸线利用规划和城市特色塑造规划中，在大桥与三桥间搬迁生产性码头、在副城与新城安排生活休闲景观岸线。

2.4.3 城市设计以人为本，努力克服“粗、散、乱、空”

穿行在新街口 CBD 建筑群的空隙中，仰望不同形象的写字楼，气势非凡、直插云霄；然而莫名的压抑感、迷失感却挥之不去：城市的文脉和机理到哪里去搜寻？市委书记说“粗、散、乱、空”是南京建设的四大病症，批评一些宏伟建筑和超宽大街，一些园林航拍效果蔚为壮观，但却忽视了居民的生活和真情实感。强调南京山水秀气宜人，城市设计也要有宜人形态。明确城市设计充分体现城市以人为本、高效节约和生态智慧的理念。[25]

规划局长说，南京城市设计要力图避免四大病症：一是喜欢到处挂“勋章”，追求“标志性建筑”；二是看重“鸟瞰”宏观效果，忽略地上“行人”视觉感受；三是设计图很花哨，不大考虑城市的功能；四是个别项目和局部地区的设计不考虑城市大局。城市设计必须进一步彰显南京的历史文化与自然环境特色，形成有序的城市空间。在规划设计公示的时候，要通过技术手段，利用三维建模等方式，把建筑“种”到实际环境里面去，从而可以有针对性地对设计进行修改。[26]

新街口高处不胜寒

近几年在南京城乘车出行，无法把握时间和进程。

主干道上拆了高架路，挖坑修地铁，交通混乱不堪。市民抱怨，没完没了地修路和拥堵，不知道哪任市长能破解这个难题。统计显示，南京 2012 年底常住人口已达 812 万人，每百户家庭拥有 37.9 辆私家车，虽然道路越修越多，城市却越来越堵。南京一口气建了六七条地铁，可像地铁一号线南延线那样的地铁线，还是趟趟满载，拥挤不堪。人们清醒下来，开始考虑人口膨胀带来的“负效应”，用地紧张、房价高企、垃圾围城、交通拥堵、污水治理这些硬约束，无时不在考验城市的承载力，给盲目追求特大城市的梦想亮起了“红灯”。南京城市规划院长认为，南京在经历了“十一五”、“十二五”堪称“狂飙突进”式的人口扩张后,开始给城市规模降速。一方面,通过用地指标控制、转型升级“倒逼”，发展知识、资本、技术密集型企业，以产业结构调整带动人口结构优化；另一方面，近年来居高不下的房价等生活成本，客观上也延缓了外来低素质人口的涌入。[27]

2.4.4 依靠科教引领自主创新，打造高幸福指数城市

历史上一直以钢铁、汽车、石化见长的南京，重化工业曾经创造了南京制造业的辉煌，也压得南京转型发展步履维艰。在以自主创新为驱动力的第三轮发展中，南京有自己独特的优势。南京拥有 38 所大学，其中 211 工程高校 8 所，居同类城市第一；国家重点实验室 16 个，国家级工程技术中心 10 家，同类城市第一；每万人拥有大学生 845 人、研究生 96 人，均列全国第一。[28]

市长说南京众多部省属大学，正在从十几年前的“破有形墙开店”转向“破无形墙引企业入校园”。南京市科技成果转化服务中心开张不到两年，为企业、高校科研院所操办 20 多场供需见面会。南京国家级大学科技园有 3 家，居全国第一。鼓楼区政府牵手 9 所高校联办的南大 - 鼓楼高校国家大学科技园，涌进近百家教授办的企业，跟进 600 多家外来高新技术企业。在资本市场，南京高科技板块乱起旋风。南京已有 25 家高科技企业集群上市，其中有 11 家在境外上市，这些企业在借助南京科

南京鼓楼高校大学科技园

教优势登上自主创新平台后，又借助资本市场赢得企业爆发力。大学校长点评：政府推动，产学研有效对接，南京创造出了自主创新的“南京模式”，经济发展正由要素推动转向创新推动。[29]

2.4.5　工业遗产保护与创意产业园

19 世纪中叶以后，清政府在南京设立了金陵军械所，包括位于中华门外的机器制造局、位于石头城外的存储火药局、位于古城隍庙旁的军械所三个部门。民国时期南京留下了许多有价值的近代工业遗产，如浦口车辆厂、下关火车站、兵器军械厂、飞机船舶修配厂等。南京工业遗产在长期发展过程中所形成的独特品质，正是它今天在城市景观中的价值所在。

南京需要改造再利用的工业建筑主要集中在几个创意产业园区。以投资少、多样化、环境好为特点，1865 创意产业园是南京规模较大、较为成功的工业建筑改造群。该园区位于两江总督李鸿章所创建的金陵制造局，至今已经连续运作了近 150 年，留下了各个时期发展的痕迹，是中国近代机器制造业发展历程的一个缩影。清代留存工业建筑的重大历史意义与建筑价值，为创意产业园的策划与成立起到了重要作用。民国时期典型厂房为包豪斯风格建筑，该时期的厂房在创意产业园中所占比例最大，决定了群体建筑的文脉与肌理，为创意产业园建筑的风格材料定下基调。目前，厂区的改造多以民国时期的厂房作为主要参考对象。各级政府不仅关注 1865 创意产业园为其带来充足的税收和经济效益，更需要利用工业建筑群的文化内涵打造最有特色的“城市名片”，增强城市的竞争力。从 2007 年运作到 2009 年年底，1865 创意产业园中改造和已使用的既有建筑达到了 32 幢，大量具有典型特征、区位较好的厂房纷纷被租用。

从目前开发利用的情况看，外部环境塑造上，既有精雕细刻寓意隽咏的佛像特写，又有质地粗糙、造型稚拙的马上军人；建筑外部形象营造上，既有包豪斯工业厂房原始建筑的直观展示，又有咖啡馆酒吧休闲建筑的再造；建筑内部空间利用上，既有艺术家施展才华的创作室，又有评品批发茶叶的样品间。1865 创意产业园中 43 幢建筑之间差

南京金陵制造局创意产业园

南京 1865 创意产业园

异较大，设计师尝试将园区内建筑重新分类为：焦点建筑、典型建筑、可塑建筑三类，从建筑改造的外界面和内空间两个角度入手寻找改造的方式。根据各建筑空间及体量特征，将园区建筑分类为扁长空间与高大空间；并以此为基础进行建筑内部空间改造方法的研究。目的就是为了在有规律的工业空间中创造出差异，从而产生空间的张力，充分发挥每一幢建筑的内在价值与作用，进一步延续工业建筑遗产的精神与使用寿命。

南京的创意东八区、幕府山休闲创意产业园等园区，是以商业、办公为主，餐饮、住宿、艺术为辅混杂入驻，呈现出多样化的功能组织。在区域环境上，成功转型的工业建筑多为紧邻自然环境或交通方便之处。这些产业园低密度、高绿化率的环境本身就具有极大的吸引力，加上其工业文化内涵，环境的附加价值对招商起到了显著的作用。

下关区政府把历史遗产的景观开发当作强化地区经济基础的重要举措之一，已经开发了狮子山阅江楼、静海寺—天妃宫、挹江门明城墙等与历史遗产有关的景点，取得了初步的成功。1900 年英商所建怡和码头、1901 年太古洋行所建太古码头、1903 年日商大阪洋行所建日清码头、1928 年改建的中山码头等许多近代码头设施今天仍在使用之中，而且它们又与近代工业遗址首都电厂相连。

专家建议通过标识遗址的方式保护近代码头遗址，加上河道给予城市空间的独特品质，开发滨江景观带，发展滨水旅游业，将使该地区的经济基础更趋多元化。中国的城市正在进入一个以更新再开发为主的发展阶段。而其主要内容就是大量的产业类建筑与地段。对产业类建筑的保护和改造再生问题的研究，具有资源利用、经济效益以及保护环境和历史文化等诸多方面的重要意义和现实价值。[30]

2.5　苏州市

2.5.1　姑苏古城从“运河时代”走来

2000 多年岁月积淀的古城苏州是吴文化的发源地，江南水乡古城的典范，至今保

苏州寒山寺

苏州住宅小区改造

留着宋、元、明、清古典园林 60 余处，拙政园、留园列入中国四大名园榜，沧浪亭、狮子林、退思园引人入胜。城外寒山寺诗意盎然，虎丘剑池、云岩寺斜塔使人流连忘返。“丝绸之府”、“园林之城”、“东方水城”，汇聚如此多元的诗情画意，承载如此多重的殷切期望。20 世纪 60 年代，印象苏州是小桥、流水、人家，粉墙黛瓦，河街水巷温馨和谐；古典园林文思泉涌；观前文化广场昆曲评弹声声入耳，美食街百年老字号松鹤楼、得月楼、五芳斋诱惑力依旧，华灯初上，游人潮涌。食品、丝绸、园林、工艺四大传统文化支柱使苏州成为独具魅力的旅游城市、轻工业城市和消费型城市。

从蜗居古城到宜居新家园，南环新村危旧房解危改造工程、虎丘地区综合改造工程、桃花坞历史文化片区的综合改造工程构成苏州最激动人心的“三大民心工程”。苏州采取盖高楼提高容积率、出租内置商业用房、土地有偿出让等举措，保证工程进度和质量，实现从危旧房、城中村改造到老住宅小区、背街小巷脱胎换骨式整治。

苏州水域面积占城市总面积的 42%，太湖三分之二的水域在其境内。苏州的先民开运河、造圩田、理水系，建设了富甲江南的“鱼米之乡”。现代苏州人凭借江南水乡的优势，把目光“瞄”向太湖，做足“水文章”，发展“水经济”。而今，总投资达 45.3 亿元的东太湖综合整治工程，对调节苏州的生态系统，提高城市防洪标准起到重要作用，为建设中的滨湖新城提供源头活水。东太湖水利整治的成功，标志着苏州实现了从“运河时代”走向“太湖时代”的历史性跨越。

苏州滨湖新城位于太湖之梢，北接苏州市区，南连吴江，是未来苏州重要的战略发展腹地。围绕太湖做文章，将这块“宝地”加以利用，是苏州从“运河时代”走向“太湖时代”的关键。作为全国水利现代化试点城市，苏州在着力整治东太湖的同时，还花大力气对城乡水环境进行整治。主要进行防洪、挡潮、除涝、灌溉、供水、治污等水利工程。[31]

2012 年苏州市合并位于古城区的沧浪、平江、金阊三区为姑苏区，吴江撤县建区。

苏州行政区划调整将直接促进苏州城区中心南移，“小苏州”开始正式迈进“大城时代”。而归属吴中区、最具宜居潜力的尹山湖板块，将精心打造成集商业、文化、休闲、健康于一体的滨水型生态社区，将成为继金鸡湖、独墅湖、青剑湖之后的又一宜居潜力板块，成为衔接姑苏区、工业园区、吴江区的核心地带，未来或将成为“大苏州”城市中心。[32]

走向太湖时代的滨湖新城

苏州这座天堂城市，以其浓厚的文化底蕴，包容和活力，吸引着一批又一批才俊安家落户，创新创业；依托改革开放带来的机遇，从一个安静的旅游目的地转变为一个经济偶像，成为中国创新发展的范例。

姑苏韵味

苏州是全国农村改革试验区，以城乡规划、产业布局、公共服务、就业社保等“七个一体化”为抓手，苏州的城乡一体化进程明显加快。走进张家港永联村，数十幢高层公寓楼鳞次栉比，步行街、亲水走廊、喷泉、水幕电影，仿佛置身现代都市。88% 的农村工业企业进入工业园，80% 的承包耕地实现规模经营，43% 的农户迁入集中居住点。国务院研究中心专家点评，苏州创新发展土地股份、社区股份和专业经营三大股份合作社形成农民持续增收新机制，是新的“苏南模式”。

2.5.2　苏州古城工业遗产的控制性保护

明清时期，苏州城市建成区的基本范围在苏州古城墙以内。1895 年《马关条约》签订以后，清政府在盘门外清旸地开辟了苏州历史上唯一的一块租借地，成为苏州近代外资和民族工业聚集的区域。1908 年沪宁铁路建成通车，苏州城北也成为工业聚集的地区，形成苏州市向南北两方向扩展的趋势。中华人民共和国成立后的工业布局依

苏纶纺织厂创意产业园

托老的工业基地，依然延续了这种格局。随着1986年苏州高新区的建立，1994年中新合作的苏州工业园区的建设，又形成了苏州市以古城为中心，向东西两级扩展的新态势。

苏州运河边的工业遗产非常丰富，特别在丝绸、轻工等诸多领域里，曾经荣获了一个又一个“全国冠军”。而如今，在巨大的城市空间发展需求和土地供给日益短缺的压力之下，如何融合建筑学、城市规划学和社会学等多门学科的知识，发现具有历史文化价值，能够艺术化生存，被保护、开发和利用的老厂房，为苏州古城保护与更新提供新的构想和方案，迫在眉睫。

苏州城市发展格局和工业发展布局双重调整，实行“退二进三”战略，从2003年开始，200多家蜗居在里弄街巷的工厂从苏州老城区中陆续淡出。2004年，苏州发起的“古城寻宝”文物普查活动，把苏州最繁华的工商业区、拥有价值最高的工业建筑和企业管理人员寓所的阊门区域列为历史文化街区。随后相继进行了苏州运河两岸景观规划与苏伦纺织厂的保护与再利用研究。

据粗略统计，苏州老城区现存的空置老厂房200多处，建筑面积约为100万平方米。其中不乏清代古建筑、民国小洋楼、苏州最早的发电厂厂房等有保护和利用价值的老厂房。[33]

苏纶纺织厂创意产业园的规划建设是苏州南门景观带规划改造的一部分；保留下来的三分之一的建筑，系统整改，力求与整个地段的环境相融合。火柴厂的改造保留原有建筑的结构体系和整体的建筑风貌，将其内部空间进行重新设计，将一些原有的管道、门面重新包装，给人以耳目一新的感觉。

专家建议城市工业遗产再利用，需要以历史价值因子、文化价值因子、美学价值因子、技术价值因子、社会价值因子、经济价值因子六大价值因子为基础，构建城市工业遗产的价值评价指标系统；以评估结果作为城市工业遗产的分级保护和再利用的基础，确定城市工业遗产的再利用程度、原则、方法。城市工业遗产再利用的功能定位，需要从城市总体形象塑造的宏观思辨和市民心灵感受的微观体验相结合，双向探索再利用功能与城市功能互动。

专家呼吁对苏州工业遗产进行价值评价，实行分级保护再利用，依据城市工业遗产廊道功能定位要求，将其融入苏州城市公共游憩空间系统；依托苏州城市旅游优势对其进行空间整合，力求苏州城市工业遗产再利用与苏州古城互动发展。

2.5.3　苏州工业园区的时尚与现代

苏州工业园区

苏州具有深厚的历史文化传统底蕴，典雅，娴静。城市发展，要在保护古城历史街区、历史建筑，以及文化传统的基础上寻找新的空间，新的拓展。20 世纪 80 年代以来，随着苏州的经济发展，为保存古城，城西面建了高新区，城东面建了苏州工业园区。在新的区域，按照比较现代化和比较国际化的理念建构新的城市。

苏州工业园区于 1994 年经国务院批准设立,是中国和新加坡两国合作的重大项目。这里先进产业高度集聚，77 家世界 500 强企业在区内投资了 124 个项目，形成了具有一定竞争力的高新技术产业集群，形成了国家服务外包示范基地、综合保税区等。国际科技园、生物纳米园、创意产业园、中新生态科技城、独墅湖高教区等创新载体建设集群推进，建设了国家电子信息产业基地等 9 大国家级创新基地、10 多个公共技术服务平台，形成了较为完整的风险创投、产业投资、融资担保资金扶持体系。

苏州工业园区建设起点比较高，高标准推进环金鸡湖金融商贸区、独墅湖科教创新区、综合保税区、旅游度假区等功能板块。园区秉承“先规划后建设、先地下后地上”与“执法从严”、“适度超前”的开发理念。国际博览中心、科技文化艺术中心等地标工程相继建成，城市大型地下商业载体星海街地下商业广场、综合性商业地产项目时代广场、水上摩天轮主题公园、滨水国际化娱乐休闲街区月光码头等重点商贸工程快速推进，区域环境整体通过 ISO14000 认证，成为首批国家生态工业示范园区。

创意泵站是苏州工业园区科技自主创新的重要载体，也是园区加快现代服务业发展、实现产业转型升级，实施“退二进三”、“退低进高”、“腾笼换凤”工程的代表项目。泵站位于金鸡湖南侧，紧邻 CBD 商业区，是按照国际通行的 LOFT 概念，在格兰富水泵（苏州）有限公司旧厂房的基础上经过重新设计改造而成的，于 2007 年 8 月竣工，可出租面积 2 万多平方米，重点发展艺术、动漫、游戏、广告、传媒、出版、软件设计等国家鼓励的创意产业。创意泵站拥有良好的配套设施和相对低廉的租金成本，对创意企业和人才具有很大的吸引力。其发展目标是加快集聚一批国内创意产业领军

苏州工业园月光码头美食广场

企业，努力创建“科技创新示范区”。

在苏州工业园区运营的湖东、玲珑、翰林、新城、贵都、师惠、沁苑 7 座邻里中心，创立了“以房屋租售为经营基础、以市场需求作功能定位、以所有者身份进行行业管理”的“邻里中心”、“社区商业”新模式。作为集商业、文化、体育、卫生、教育于一体的“居住区商业中心”，围绕 12 项必备功能，从“油盐酱醋茶”到“衣食住行闲”，充分满足市民物质文化生活需求。

2500 年吴地文化熏陶，20 年现代化园区建设，数量巨大的外来人口，南腔北调的乡音，不同地域文化的交融，激励城市功能的多元发展，派生出千姿百态的美食文化；既有姑苏生活的细腻精致，又有国际都市的海纳百川。2010 年，苏州工业园区成为“全国商务旅游示范区”，多层次、多纬度、自成一体的美食成为重要的文化符号之一。湖滨新天地、李公堤、时代广场、馨都广场、月光码头等聚集了五湖四海的美食店家，

临水而建的东方之门

满足了国际多元的美食需求，是既包罗万象又温馨细腻的美食集散地。东环路商贸中心、湖东 CBD 中心、时代广场金融服务中心、独墅湖科教创新集聚中心、阳澄湖半岛度假中心，从不同层面增添了新城市的魅力。[34]

2.5.4　城市设计走向新高度的质疑

金鸡湖畔，“苏州中心”的主体建筑“东方之门”由英国公司设计，作为城市新地标、苏州新名片，建在金融中心水岸，拔地而起，鹤立鸡群。作为新城 CBD 的标识，引领城市新高度，寓意以水为财，迎来滚滚财源，平面布局扩展余地很小；作为让世界了解中国的一扇门，它是“中国结构最复杂的超高层建筑”、“中国单位用钢量最大的建筑”。除了设计者和建造者声称设计灵感“源于苏州的水陆城门”以外，几乎看不到中国元素和地域符号。[35] 面对这座颇似凯旋门的庞然大物，人们不禁要问："是谁的凯旋？" 在飞速拔高的城市中，面对现代城市发展和生态环境保护的两难问题，程泰宁认为，当政者首先需要"建筑启蒙"。当造高楼不是出于节约用地的考虑，而是想做政绩和门面时，就违背了建筑的本意。[36]

地标性建筑"拼高"已经成为城市之间标榜经济实力、执政气魄、城市个性和地域特色的主要着眼点。"中国第一高楼"的纪录一再刷新，在耗材上各地也攀比不断。城市是人脉和文脉的载体，打造可持续发展、具有特色风格的历史文化名城，必须熟识当地历史文化、风土人情，避免破坏这些关系和元素。我们需要反思中国建筑界的不良倾向：一是脱离城市与国家的文化地理背景，一味迷信"洋设计"，使不少工程沦为海外设计师的"炫技"或"实验"之作；二是诸多财政埋单的地标建筑有悖程序正义，成了少数决策者拍脑袋的炫富工程、政绩工程、面子工程，进而成为短命工程、烧钱工程；三是雷人建筑的横空出世，往往遮蔽了城市的历史与文脉，损害了城市整体形象与神韵。[37] 我们呼唤城市建构的实用理性精神、人文关怀和生态关怀。

2.6 差异化发展、各美其美、合作共赢

2.6.1 优势互补，交错发展，合作共赢

城市区域正在成为当下全球化时期的经济发动机，麦吉认为，城市区域通常是所在国的"经济能量站"，到 2020 年，中国将拥有比世界上其他国家都要多的大城市区域。首届"长江三角洲地区发展国际研讨会"着眼的是合作互补，突出的是整体优势，瞄准的是全球竞争。[38]

长三角核心地区的城市群由 53 个城市组成，包括 1 个直辖市、15 个地级市和 37 个县级市。在总长不超过 600 公里的沪宁、沪杭、杭甬三条大通道上，平均每 30 平方公里就有一座城市。上海的集聚和辐射功能绝大部分集中在中心城区的 600 多平方公里范围内。[39] 城市群引入了系统工程的网络概念，群内的每个城市就是一个枢纽节点。城市群又是一个按照市场经济运行规律建立起来的城市体系，在更大的范围里科学配置要素资源，通过区域的功能结构整合周边城市的经济和社会结构，更有利于城市间的产业联系，疏导特大城市和大城市的就业压力，可以加快城市间的集聚和辐射效应。[40] 在长三角第 11 次市长联席会议上，上海市表示，长三角各个城市要打造世界级的城市群，应该加大合作的力度，同城化不是同样化，重在产业的专业化分工，地域的专业

化分工，城市的专业化分工。[41]

《苏南现代化建设示范区规划》（以下简称《规划》）就南京、无锡、常州、苏州和镇江五市各自发展做了新定位。根本出路要靠创新驱动，向创新要先进的生产力，向创新要核心竞争力，是苏南地区的第三次创业，也是苏南地区经济转型升级的实质。《规划》确定，南京将成为国家创新型城市和国际软件名城；苏州要成为全国重要的先进制造业和现代服务业基地、国际文化旅游胜地和创新创业宜居城市；无锡要成为现代滨水花园城市和智慧城市；常州要成为智能装备制造名城和智慧城市；镇江要成为现代山水花园城市和旅游文化名城。[42]

鲜活的周庄

2.6.2　水乡古镇差异化开发：锦上添花、各美其美

由于江南水乡历史文化名镇在保护与旅游开发中差异化定位，各自走出了具有一定特色的保护与旅游开发的道路。专家归纳其经典模式，包括保护与旅游发展模式、旅游开发战略、古镇商业化、古镇旅游影响景观设计等方面的经验，对于城镇化进程中历史文化名镇的保护开发具有重要的借鉴意义。

周庄模式。古镇的保护与旅游开发，不是把古镇当作景区，而是当作一处人类聚居地来保护。让居民深刻认知古镇的历史文化价值，依托传统民居开设商业场所，给居民带来发展收益的共享机会，是古镇得以有效保护、古镇历史文化得以延续的根本动力。政府主导保护与旅游开发是其又一重要特征：兴建周庄昆山文化创意产业园，实景演出“四季周庄”，集中展示经典江南水乡传统文化；扶持昆曲艺术的发展，兴建昆曲古戏台，展演昆曲剧目；兴建画家村，增强“画里周庄”的文化内涵。周庄古镇放弃了以发展工业取得良好经济效益的机会，走出依托文化资源服务经济、繁荣经济的可持续发展道路。

被联合国教科文组织肯定的“乌镇模式”。在历史文化建筑遗产保护中，以公司为主体进行古镇保护与旅游发展。收回了所有店铺的产权，多数原住民搬迁，有效解决了原住民的现代生活需求与古镇建筑保护之间的矛盾。按照东栅观光、西栅休闲度假的旅游产品细分模式进行资本运作，中青旅入股；在解决资金问题的同时引入拥有

古色古香南浔

同里退思园

完善的旅行社业务系统营销宣传与客源组织，连续5年单个景点接待境外游客数居全省之首。

南浔模式。成立公司启动古镇修复；通过收购、拆除、改建、修复等措施，使南浔东、西街南段基本反映了清末民初的南浔原貌。以出让古镇30年经营权的方式取得上海博大公司的资金投入，使南浔古镇“江南大宅门”的品牌逐步得以塑造，古镇保护与旅游开发步入良性轨道，带动了地方第三产业的快速发展。

同里模式。镇政府投入巨资进行古镇保护与旅游开发，后来与上海同楷建筑规划设计咨询有限公司和苏州新沧浪房地产开发有限公司联合成立同里古镇保护发展有限公司，古镇的经营权与所有权仍然为同里镇所有。同里镇打造大同里旅游生态圈，由水乡古镇游转型成为国际化的高级商务旅游目的地、国际化商务及文化盛事的举办地、国际化的高端人群聚集的理想场所。与港方合资成立“苏州同里国际旅游开发有限公司”，走上“千年古镇、世界同里”，“千年水天堂、人间新吴江”的发展新阶段。成立了太湖流域古镇保护同里研究中心，为古镇保护决策提供参考意见；制定了“同里历史文化名镇保护实施办法”，为同里的保护、开发、发展构筑了完善的框架。聘请新加坡大师刘太格为同里做了部分概念性规划。

朱家角模式。上海按照国际花园城市标准，遵循世界文化遗产评定标准，对朱家角古镇实施积极的保护，编制“建设绿色青浦，努力打造以朱家角古镇为核心的旅游度假基地实施纲要”，基本建成以朱家角古镇为核心的休闲、旅游、度假基地。国企上海朱家角投资开发有限公司负责朱家角的保护与旅游开发的市场化运作。朱家角古镇度假产业发展模式是先改善环境，完善城镇基础设施，然后再出让土地，通过土地升值取得古镇保护与旅游开发的资金。树立古镇、新镇、淀山湖一体化的保护与旅游开发战略，树立整体开发理念，把整个镇区有效有序，重点保护，分区开发，统筹策划：用世界语言说文化中国；免费开放，以商养镇。[43]

通过这五个名镇差异化发展的比较，我们得出的基本结论是，历史文化名镇的保护与开发既需要因地制宜深度挖掘历史文化遗产的内涵，发挥其文化品位独特优势，又要把古镇作为人类聚居地来保护，力争还原当时鲜活的生活场景和民俗特色，而不仅仅是一处死板的标准化景区；既要利用市场化机制进行资本运作，使濒临消失的古镇风貌保护有充足的资金来源，又要使当地社区与居民从发展中受益而成为基本依靠力量，让古镇保护与旅游开发走上可持续发展的路径；既需要进一步加强市场营销，品牌建构，引进优秀旅游企业，打造知名品牌，善用网络行销资源，增强古镇旅游发展竞争力，又需要系统策划历史文化名镇的整体保护开发方案，加大旅游产品的结构性调整力度，使地方特色文化转化为地方特色经济发展的资源，牵动地区产业升级。

参考文献

[1] 上海的老建筑 . 维基百科，2012-11-05.

[2] 吕志墉 . 城市人文分析：上海流 . 新浪城市，http：//www.sina.net 2007-09-04.

[3] 赵君 . 营造与上海历史建筑相协调的现代商业环境 [J]. 上海艺术家，2007，2.

[4] 罗新宇 . 上海土地市场凸现三变 [J]. 人居，2004，3.

[5] 杭蓝文 . 浦江开发将加大历史建筑改造利用 . 东方财富网，2012-11-06.

[6] 夏蕙兰 .19 叁Ⅲ，海纳百川 [J]. 东方航空，2013，11.

[7] 郭韬，朱雅静 . 有关历史建筑保护再利用的思考：以上海历史建筑的保护与再利用为例 [J]. 长治学院学报，2009，6.

[8] 黄婧 . 城市历史文化遗产保护的经济价值：以上海新天地开发为例 [J]. 山东省农业管理干部学院学报，2007，3.

[9] 卢铿 . 时运交移、质文代变：关于新文化地产的再认识 [J]. 人居，2004，1.

[10] 浦东：创新驱动策源地 . 人民网，2012-08-31.

[11] 上海城市郊区化成趋势，松江工业园办公楼引关注 [J]. 中国房地产报，2007-11-02.

[12] 郑莹莹 . 上海在建第一高楼：7 天一层 日夜长高 . 中国新闻网，2011-12-28 .

[13] 李忠 . 写字楼的形象力 [J]. 人居，2004，1.

[14] 郁鸿胜 . 社科院专家：市域城市群将决定上海转型布局 [N]. 解放日报，2013-05-23.

[15] 田飞，李果 . 寻城记 . 杭州 [M]. 北京：商务印书馆，2012.

[16] 项秉仁，祁涛 . 杭州市中山中路历史街区城市设计 [J]. 城市规划学刊，2009，2.

[17] 段罗君，王丽 . 杭州历史建筑，不再鼓励购买 [N]. 钱江晚报，2012-10-10.

[18] 金晶，“传承历史建筑文脉　营造杭州特色风貌 [N]. 杭州日报，2011-12-31.

[19] 张楠楠，王向阳 . 城市规划的色彩解决方案 ——以杭州市为例 . 百度文库，2010-10-04.

[20] 杭州市钱江新城建设管理委员会 . 钱江新城 [M]. 杭州：浙江人民出版社，2012.

[21] 卡秋卡 • 艾贝，瑞纳 . 汉克 . 案例研究：中国宁波城市改造中的文化遗产保护 [M]. 何爱娟，徐玉芬编译 . 世界银行，1999 年 5 月 .

[22] 王亚莎，邢双军 . 从宁波老外难看宁波近代历史街区的更新与城市设计 [J]. 华中建筑，2008，12.

[23] 顾巍钟 . 南京疏通城市山水线 [N]. 新华日报，2007-09-11.

[24] 田飞，李果 . 寻城记 . 南京 [M]. 北京：商务印书馆，2012.

[25] 张楠 . 南京将实现城市设计全覆盖　全面推行城市设计 [N]. 中国新闻网，2013-05-31.

[26] 陈郁 . 南京市规划局长叶斌诊断城市设计四大病症 [N]. 扬子晚报，2013-05-29 .

[27] 顾巍钟 . 南京修正十三五目标　不再追求千万级城市 [N]. 新华日报，2013-05-22 .

[28] 南京：坚持民生为先打造人民幸福城市 . 人民网，2012-07-31.

[29] 周跃敏，俞巧云，孙巡，陈炳山，颜芳 . 追踪南京小康建设创新：引燃城市爆发力金钥匙 [N]. 新华日报，2007-09-14.

[30] 龚恺，吉英雷 . 南京工业建筑遗产改造调查与研究：以 1865 创意产业园为例 [J]. 建筑学报，2010，12.

[31] 苏州治水：从运河时代向太湖时代跨越 .http：//www.sina.com.cn，中国新闻，2012-11-19.

[32] 大苏州城区中心南移尹山湖板块迎来上行新机遇 . 房地产门户 - 搜房网，2012-09-27.

[33] 苏州城市工业建筑遗存现状调查 . 百度文库，2012-11-25.

[34] 苏州工业园区：新城味道缤纷多彩 [J]. 现代苏州，2013，1.

[35] 调侃秋裤楼是在指桑骂谁？文化中国 - 中国网，2012-09-08.

[36] 秋裤门背后的建筑误区 . 文化中国 - 中国网，2012-09-08.

[37] 邓海建 . 公共建筑咋就成了过街老鼠”，文化中国 - 中国网，2012-09-08.

[38] 郑红，杨群 . 打造具有国际竞争力的城市群 [N]. 解放日报，2007-11-30.

[39] 郁中华 . 长三角有望成为世界最大城市群 . http：//www.sina.net，东方网 - 劳动报，2007-12-03.

[40] 郁鸿胜 . 社科院专家：市域城市群将决定上海转型布局 .http：//www.sina.com.cn，2013-05-23.

[41] 张海盈 . 杨雄：长三角城市唇齿相依 高铁时代合作大于竞争 .http：//www.sina.com.cn，东方网，20110-4-01.

[41] 长三角城市呈快速崛起之势　江苏城市群紧追杭州 [N].http：//www.sina.net，杭州日报，2007-09-10.

[42] 郭安丽 . 苏南五城市再定位　力图错位发展 [N]. 中国联合商报，2013-05-20.

[43] 卞显红 . 江浙古镇保护与旅游开发模式比较 [J]. 城市问题，2010，12.

第 3 章

珠江三角洲城市群繁星点点

自然地理的珠江三角洲，简称珠三角，是组成南江的西江、北江和东江入海时冲击沉淀而成的一个三角洲，面积 8 万多平方公里。经济地理的珠江三角洲城市群以广州、深圳、香港为核心，包括珠海、惠州、东莞、肇庆、佛山、中山等城市，是我国城市群中最具经济活力、城市化率最高的地区。泛珠三角经济区的地域范围，包括珠江流域地域相邻、经贸关系密切的福建、江西、广西、海南、湖南、四川、云南、贵州和广东 9 省区，以及香港、澳门 2 个特别行政区，简称“9+2”。这种共生共赢型经济体系，将成为中国未来经济发展的高速增长极。本章通过广州、深圳、贵州、桂林四个名城的城市建构解析，探究海洋文化与本土岭南文化、客家文化、山地文化、江南文化的嫁接对城市功能、形式、结构、风韵、气质产生的影响和发展变化趋势。

汉南越王博物馆

3.1 广州市

3.1.1 千年商都，天下第一港市

广东省省会广州市地处中国大陆南部，珠江三角洲北缘。珠江从市区穿流而过，隔海与香港、澳门相望，是中国历史最悠久规模最大的对外通商口岸、海上丝绸之路的起点之一。

两千多年前，秦朝平定岭南，50万秦军就地戍边屯垦，15000名中原女子随军衣补，繁衍后代；此后广州地区一直是郡治、州治、府治的行政中心。秦末汉初南海郡尉赵佗在岭南建立了疆土“东西万余里”的南越国；建都城番禺，周长十里，俗称“越城”。汉武帝曾调集10万大军，灭掉南越国。西晋末年五胡乱华，中原望族豪门以及布衣百工纷纷举家南迁，聚族而居。唐末战乱，海上丝路取代传统丝绸之路。原本受阻大海的广州城一时成了货通天下的东方大港，繁盛至极；形成牙城、子城和罗城的“三重”格局。长洲岛上石基村黄埔古港的粤海第一关和古港遗风牌坊，清晰地标示了海

石基村黄埔古港

广州镇海楼

广州粤海关大楼

上丝绸之路的起点。南汉将广州城规划为宫城、皇城和郭城。到两宋时期，金人、元人相继南侵。大量赵宋王朝的故臣遗民落户岭南，耕读传家，成为广府地区的主要居民。宋代是广州城市发展的重要时期，形成了子城、东城、西城三城格局，并有八大“卫星城”。当时广州建了很多濠渠，便利城市运输，加强城防能力，提供水源，排洪泄污；其中“六脉”最为著名。明代永嘉侯朱亮祖修建广州城，合宋元三城为一城，扩大市区，改造旧城，加筑外城。形成西关商业、城南码头集市、东关衙门官邸的城市格局。明代城建将越秀山包进城墙之内，时称“六脉皆入海，青山半入城”。至今巍峨挺立的古城墙、镇海楼、五羊石像、四方炮台雄风犹在。

清乾隆年间，朝廷关了江、浙、闽三大海关，独留粤海关一口通商，将广州升级为“天子南库”、天下第一港市。完整保存的粤海关大楼是康熙二十四年所建西式古典建筑。清代增修广州东、西两翼城，南拓至珠江边，形成了今天老城区的格局。当时，半官半商的垄断性贸易机构“十三行”，因充当外贸中介迅速发迹。为适应大量出口丝

沙面街区

广州中山纪念堂

绸的需要，西关一带大建丝织工场，吸引外来移民，火了房地产业。与“十三行”相对的珠江南岸也很快兴建起豪宅、花园和祠堂。[1]

第二次鸦片战争，“十三行”被烧为灰烬。占领广州的英法联军在珠江岔口三江汇聚地沙洲租界上，建起便利军事防御、船舶往来、西关商贾贸易的花园式沙面街区。领事馆、教堂、民居的建筑风格有新古典主义、巴洛克、券廊式等，形成西方网格式街区。现今沙面岛花园式步行街、树荫花坛环绕的 150 多座洋楼各具风采，异质建筑文化自成体系。

由于广州是东方第一大港市，也成为西方文明入华之首岸。西方教堂、新式学校、西医医院和报社等新事物率先在岭南创办，始开风气之先。辛亥革命时孙中山在广州建立政权，《建国方略》提出要把广州建成“花园城市”。当时孙科市长聘请美国建筑师作广州规划方案，仿巴黎以市中心为原点，设计 4 条放射性道路，街道规划中引入华盛顿的路网模式。市政当局拆城墙，辟马路，设市场，建公园，开工厂，由传统城郭向现代城市过渡。以西方为师的广州城中大片的西式洋楼，是民国政府带领黎民走向西方式富强的文化象征。[2] 长洲岛上，孙中山创办的黄埔军校，建筑布局严谨、庄重古朴。广州市内的中山纪念堂继承发扬传统建筑艺术，运用西方近代建筑技术，成为标志性建筑。

1978 年实行改革开放政策后，位于沿海、沿边的深圳特区充分发挥双边缘效应，高速成长；广州的港口城市功能、珠江三角洲集散中心地位也日益突出。[3]

3.1.2　西关大屋、东山洋房、广州骑楼与名城今昔

城市不是文化孤岛，城市的建构、发展定位、功能设计与盛衰荣辱，从来不是孤立事件，会受国家总体政治、经济、外交、军事、生态战略布局的深刻影响，更由相关生态圈、经济带、城市群和自身区位特色所决定，受周边城市的拓扑关系所左右。

城市的肌理与内部结构因功能不同而形成不同特色的街区。作为政治中心、军事要塞、工矿城市，其建构更多源自政令和规划；大多数城市的建构遵循有机成长的轨迹，同处一个城市的市民因所处阶层、文化背景和生活习性不同，往往选择不同街区集聚。

广州荔湾区旧称西关，河涌如网，是繁华闹市区，聚居巨贾商户。清朝同治、光绪年间大量建造的青砖灰塑趟栊西关大屋是富有岭南特色的传统民居。珠江以南，是十三行豪商们的世外桃源，建有一些西式花园别墅。城郊村落里聚族而居的昔日大族围垦耕种，修建屋舍、祠堂、寺庙、集市、码头、更楼，自成一方天地。南迁来到广府地面的中原大族，重视培养族中子弟科考入仕，提高家族的社会地位。在富庶繁华的广州城核心地带密布着一大贡院、三大学宫、八大官办书院、数百间宗族书院试馆家塾。时至今日，陈氏书院即陈家祠堂宏大的气势、规整的布局、威严的门斗、敞亮的厅堂、精致的梁柱、炫目的三雕，无声述说着当年怎样富可敌国和诗礼传家。越秀区的东山一带是权门显宦的聚居地，民国初年一些华侨和军政官僚在广州市东山新河浦、恤孤院路等地兴建的花园洋房别墅号称“东山洋房”，是广州特有的民居建筑，印证广州多元文化并存的历史。20 世纪初，广州骑楼是西方券廊式建筑和中国廊棚式建

广州陈氏书院内景

荔湾区骑楼

白天鹅宾馆与沙面红楼

筑的奇妙结合。骑楼街市特别适应岭南亚热带气候，是商家以人为本理念的建筑表达。西关大屋、东山洋房、广州骑楼的有机组合，营造出老广州千年商埠别具一格的城市风貌。

20世纪八九十年代,政府主导“危房改造”，一些历史建筑从此消失。沙面的街路和主要建筑得以完好保留，而英国领事馆却被一拆了之；新建了高达28层的庞大现代派建筑白天鹅宾馆及专用车道、高架桥，决策者以为成功打造了广州新地标，专家却认为破坏了沙面的整体景观和白鹅潭风光，属于开发性破坏。20世纪末，为迎接亚运会，广州全城掀起“穿衣戴帽”风潮，沙面沿街立面外墙涂漆，屋顶盖帽，不仅改变了历史建筑原貌，而且严重损坏了建筑外立面；由于保护方法不科学，成了熊的服务，被专家称为“保护性破坏”。荔湾区昌华街在危改时保留了一些质量较好的西关大屋及仿欧式低层建筑，传统街区历史风貌依稀可辨。当时在历史建筑集中的老西关，建起一座6层14万平方米的商场、8栋高达几十层的现代建筑综合体、1000多套豪华住宅的小区，人称“荔湾模式”。决策者说，作为当时广州最大的旧城改造项目，改善了居民生活质量，取得了极好的经济效益。批评者却说，破坏了老西关的文脉和整体风格，属于建设性破坏。1993年广州地铁一号线开工，中山四路到五路沿线一带的骑楼惨遭灭顶之灾。按照《广州城市总体规划（2001 ~ 2010年）》，实施“东进、西联、南拓、北优”发展战略，力图城市面貌“一年一小变，三年一中变，十年一大变”。被一些专家讥讽为“喜新厌旧”、“中气不足”、

琶洲会展商务区

西关风情

“旧城塌陷”。[4]

城市肌理与文脉绝不仅仅取决于单体或几个地标建筑的形式风格。由城市功能决定的城市格局、街路网格，建筑与建筑之间尺度、体量、色彩、风格的谐调，建筑与景观、园林、环境、道路的有机组合，是适应生产力发展水平、地理条件、气候气象、居民生存智慧、消费偏好、生态审美需求的系统工程综合体。城市的与时俱进，应当体现现代建筑的地域化和乡土建筑的现代化发展轨迹，通过系统的城市设计展现厚重历史的不同页面，满足不同层次居民、游客、投资者、专家学者、决策集团的多元化需求和基本共识。

作为“千年商埠”的广州，享誉全球的中国广交会从 20 世纪 50 年代至今一直在这里举办，稳居“中国第一展”的尊位。在新广交会展中心和的琶洲国际会展商务区，聚集了琶洲国际会展中心、保利世贸博览馆、中州展览馆，造型奇特、气度不凡。现在著名的七大商圈中，购物最为出名的当属上下九步行街、北京路商业步行街，历史悠久，店铺密集，物品齐全；加上农林下路，并称广州三大商业街。诞生于1931年的恩宁路是全市最完整和最长的骑楼街，被誉为“广州最美老街”。[5]现在，“中调”取得了明显效果，看过北京路繁华商业步行街中央的千年古迹、千年古城历史遗迹柱桩基础，唐宋元明老街石板路层层断面，可以坐着游船细看西关风景、商埠骑楼、方塔状元门、石拱桥，可以沿着周边的小路游走广州的长街老巷，欣赏西关大屋等风格独特的文化建筑，评品栩栩如生的西关小姐慢生活系列精致铜雕，可以到中山路段，探寻古人和革命烈士的踪迹。[6]

精心设计建构的广州新中轴线全长12公里，由南到北分布着39栋地标性建筑和多个大型休闲文化广场，是亚运会让历史名城凤凰涅槃。

3.1.3 拓展城市空间，优化发展格局

广州是全国重要的工业基地、华南地区的综合性工业制造中心，形成汽车制造、电子通信和石油化工三大支柱产业。在我国改革开放30周年之际，国务院批准《珠江三角洲地区改革发展规划纲要（2008 ~ 2020年）》,将广州的发展提升到国家战略层面，明确赋予广州“国家中心城市”、“综合性门户城市”等目标定位，要求广州建成全省宜居城市的“首善之区”和面向世界、服务全国的国际大都市。

2007年广州启动了新一轮城市总体规划（2010 ~ 2020年）编制工作，提出到2020年，广州城市建设的战略目标和“南拓、北优、东进、西联、中调”的方针。在拓展城市空间的同时，实现布局的优化与提升，注意中心城区的功能再造和文脉传承。越秀、荔湾、海珠、天河、白云、黄埔中心六区以强化高端服务功能和提高国际化、现代化水平为主攻方向，大力推进“三旧”改造、“退二进三”，减轻人口及交通负荷，为发展现代服务业及都市型产业提供空间。三大国家级开发区及汽车、造船、重大机械装备等国家级产业基地发展迅猛，分工明确、功能互补的产业布局基本形成，成为国家创新型试点城市。重点建设城市新中轴线，珠江新城、广州新城、白云新城、萝岗新城等区域建设取得重大进

广州城市新轴线

展，组团式、网络型城市空间形态更加凸显。建成汇集商务金融、商贸会展、行政办公、科技文化、旅游观光等于一体的发展轴，打造集中体现国际大都市繁荣繁华的核心载体。城市新中轴线、珠江两岸景观带和一批标志性建筑群彰显大都市文化魅力。萝岗、番禺、花都、南沙、增城、从化外围六区更加注重功能拓展，承接中心城区功能重构和溢出，充分发挥新城区优化城市功能布局、促进产业集聚发展、疏解中心城区人口的作用。

《广州 2020：城市总体发展战略》将广州的城市定位为“经济中心、国际都会、创业之都、文化名城、生态城市”，着力提升中心城市的集聚辐射功能、综合服务功能、外向带动功能和文化引领功能。围绕制造业、商贸业、物流业、会展业做文章，调整城市空间结构布局，保存千年古都的文化韵味。[7]

广州市提出“十二五”期间通过实现重大战略性基础设施、重大战略性主导产业和重大战略性发展载体三大突破，着力强化国际商贸中心、世界文化名城、国家创新型城市、综合性门户城市、全省宜居城乡“首善之区”五大功能。

2012 年市规划局公布的城市功能布局规划提出，未来广州将形成“一个主城都会区，南沙滨海新城、东部山水新城两个新城，花都副中心、增城副中心、从化副中心三个副中心”的新城市格局。规划限定都会区、新城区和副中心的增长边界，防止城市无序蔓延；同时划定基本生态控制线，构筑城市生态安全格局。重点保护 20 平方公里历史城区、历史文化街区 46 片、历史文化名镇名村以及各级文物保护单位。坚持中西合璧、崇尚自然、以人为本的岭南建筑风格，打造百座岭南特色现代建筑精品和一批岭南风貌展示区。[8]

珠三角地区由于空间密集、资源短缺，在 21 世纪第二个 10 年后金融危机时代，人民币升值、劳动力价格上涨、低端出口商品竞争力下降的新挑战之下，正面临发展难以为继、后劲不足的严峻考验。广州积极应对，立足珠三角，以穗港澳合作、泛珠江三角洲合作及中国 / 东盟合作为重要平台，在更大范围、更广领域、更高层次上推进区域一体化和经济国际化，增创开放合作新优势。以广佛同城化为突破口，将白鹅潭地区建成广佛都市圈的国际商业中心；促进广佛肇产业和劳动力优势互补，建成若干跨区域产业园区，加快广佛肇经济圈联动发展。深化与深莞惠、珠中江经济圈的合作，推动珠三角地区实现城市规划统筹协调、基础设施共建共享、产业发展合作共赢、公共事务协作管理，提高区域整体竞争力。

3.1.4 建设世界文化名城

《广州建设文化强市培育世界文化名城规划纲要（2011 ~ 2020 年）》提出，不断提升广州文化品牌效应和城市文化品位，营造开放包容、活力激情、时尚魅力的大都

广州大剧院

市文化氛围。充分发挥古代海上丝绸之路发祥地、岭南文化中心地、近现代革命策源地、当代改革开放前沿地的“四地”优势，深入挖掘历史文化名城内涵；加强历史文化遗产、历史城区格局、历史文化名镇名村及历史文化街区、历史建筑和文物、重点寺观教堂、非物质文化遗产的有效保护、开发和利用。建立历史城区、城市传统轴线及珠江两岸、多片历史文化街区的保护框架，重现历史风貌，传承千年文脉。在旧城改造、新城建设、功能区打造等关键环节加强标识性景观、夜景景观规划和整体风貌设计，高水平构建传统中轴线、珠江沿岸和新城市中轴线三大城市景观带，划分特色风貌区，精心设计城市雕塑、公共艺术装置、夜景照明等，构建城市公共视觉艺术系统，打造传统内涵与现代精神相结合、本土特色与国际气魄相统一的多层次城市文化景观体系。

规划新建一批代表广州文化形象的重大文化设施，形成富有广州特质的城市文化标识。进一步挖掘南越王宫博物馆、五羊雕像、镇海楼、陈家祠、南粤先贤馆、黄埔军校、南海神庙、琶洲塔和省博物馆、广州塔、广州大剧院、广州新图书馆等标志性设施文化内涵，完善周边配套，推动功能延伸。在珠江沿岸、白鹅潭、新中轴线、南沙新区、广州新城、白云新城等重点区域规划布局一批国际顶级文化设施，打造若干具有独特魅力的建筑群落。

以广州北岸文化码头、广州设计港、广州 TIT 纺织服装创意园等工业创意设计园区为载体，加快形成一批设计产业集群；推进越秀创意大道、信义国际会馆、黄花岗信息园、羊城创意产业园、文化动漫产业园、广州天河软件园、金山谷创意园、1850 创意园、“太古仓”、黄埔文化创意中心等文化产业园区建设；推动建设珠影影视文化创意产业园，打造国际性的影视文化产业集聚地。推进集聚区规模化、特色化发展，形成具有广州特色的文化功能区发展格局，增强城市文化的国际影响力。

广州 TIT 纺织服装创意园

走进广州 TIT 纺织服装创意园，广州纺织机械厂的格局肌理和老厂房老车间作为工业遗产被善加保护利用，绿树浓荫下的时装发布中心，名师设计区、创意办公区、翡冷翠小镇、品牌街区、会所、酒楼公寓、充满艺术气质、创意氛围。

广州 TIT 创意园老厂房

广州老街古巷老商圈那些展示市井生活的雕塑小品，珠江边音乐厅美术馆那些展现时代风采的雕塑名品，雕塑公园里那些主题鲜明形象生动的雕塑组群，给千年商埠、现代名城增添了不少文化气质和艺术情趣，让那些职场打拼、异地谋生的人们稍稍放缓生命律动的节奏，感受一下人文关怀和生态关怀。

广州 TIT 创意园的灵动空间

总体上，岭南建筑、广州城市建构充满创新求变、鲜活爽快的城市精神，历史上曾经引领开化风气之先；今后的趋势走向，对于其他城市也有示范或借鉴意义。有些倾向性问题，确实需要由表入里，深层思考。比如，从人多地少的国情实际出发，我国只能建设紧凑型城市，充分开发利用三维空间满足城市多重功能需要，而新广交会式摊大饼的做法似不足取；更值得忧虑的是，在网络电子交易平台和新物流业态对城

老商圈西关小姐

古巷老街市井记忆

广州雕塑公园岭南春早

市生产生活模式和结构产生强力冲击之下，主要用于集中看样订货、招商引资的传统大型会展中心和配套的宾馆酒店，究竟还能独立支撑多久？

为迎接亚运会开闭幕式而建的海心沙，包括白云之帆、海洋之舟、百万沙海，作为大型电视直播的布景道具，连同单一功能观礼台，这些硬件设施至今闲置，不知所用，这个代价何其沉重！110层的广州塔高耸入云，架设不了电视转播设施，成了造价昂贵和只能用于观光而又功能不全的建筑。值得探究的是，在埃菲尔铁塔和布鲁塞尔原子球之后，展示钢结构技术美、形式美的地标建筑还应该展示什么样的城市精神？

广州在城市意象上正在探索现代主义之后的创新思维。城市新轴线上，主体建筑形象各异，大剧院雕琢的两块灵石、二少宫的一段弯管、图书馆的落架、博物馆的魔方与玻璃幕墙覆盖的超高建筑等，都在营造颠覆传统、解构文脉的开放形象。也许悉尼歌剧院的一鸣惊人让建筑师无路可走，只好用天安门广场边的国家大剧院、中央电视台总部大楼、白云国际会议中心之类的奇异建筑形式宣泄不落俗套的灵感与创意。

亚运会遗产：闲置的白云之帆

3.2　深圳市

3.2.1　深圳速度、深圳效益、深圳质量

深圳地处珠江三角洲前沿，是连接香港和中国内地的纽带和桥梁。深圳经济特区是改革开放 30 多年辉煌成就的精彩缩影，创造了世界工业化、城市化、现代化史上的奇迹。短短 30 多年，深圳从一个仅有 3 万多人口、两三条小街的边陲小镇，以传统商业、旅游主题公园、加工制造业起步，逐步升级发展成为一座拥有上千万人口的现代化大都会。

从国贸大厦窗口看蒸蒸日上的深圳

"深圳速度"，这个词源出20世纪80年代深圳国际贸易中心大厦三天盖一层楼的速度。国人以"深圳速度"赞誉改革开放极大地释放出潜在的生产力，带来经济发展和城市建设突飞猛进的喜人变化。经历30多年的高速增长，深圳形成了改革开放的体制优势、自主创新的先发优势、深港澳台紧密合作的区位优势；形成了高新技术产业、金融服务业、现代物流业和文化产业四大支柱产业。其现代产业体系主体框架包括全球电子信息产业基地、以自主创新为特征的新兴高技术产业基地、以自主技术为主体的先进制造业基地、以服务创新为核心的区域金融中心、以高端化为方向的现代服务业基地、具有国际影响力的传统优势产业深圳品牌六大部分。

2011年《国务院关于印发全国主体功能区规划的通知》强调，增强深圳科技研发和高端服务功能，继续发挥经济特区的示范带动作用，建设国家创新型城市和国际化城市。深圳明确提出，今后将不再简单地拼规模，拼速度，拼GDP增长。"十二五"

时期，要以创造深圳质量破解发展难题、率先建成国家创新型城市、民生幸福城市、国家低碳生态示范城市。实现从“深圳速度”到“深圳效益”、“深圳质量”的跨越，从“速度深圳”迈向“和谐深圳”。[9]

深圳华为产业园区一角

地处南山门的深圳高新区是国家“建设世界一流高科技园区”的六家试点园区之一，集中了中科院开发院、TCL、中兴等有影响力的院所，已经形成了产业链和相关配套比较成熟的通讯产业群、计算机产业群、软件产业群和医药产业群。华为产业园区，深圳大学园汇聚清华大学、北京大学等 53 所海内外著名院校，孵化科技企业 704 家。中科院先进技术研究院瞄准智能机器人、低成本健康、高端医学影像、新能源和智慧城市五个方向，已在战略性新兴产业领域产生了一定影响。[10]

作为设计之都，深圳站在全球创意城市网络的塔尖上，诞生了腾讯、华为、中兴等一批世界级企业，集聚了一大批创新创业顶尖人才。

深圳市政府深入实施“孔雀计划”，集聚海内外优秀人才在深圳实现自己的梦想；构建以“高新软优”为特征、更具国际竞争力的现代产业体系。

3.2.2　大鹏所城、南头古城、一街两制、新地标

经济特区深圳又称为“鹏城”，位于珠江入海口东岸，辽阔海域连接南海及太平洋；四季温润、阳光充沛，盛产水果；具有浓郁的现代滨海城市特色，是中国南方有名的旅游胜地。这里不但有科技，有现代化，更有历史，有文化，还有别具特色的城市建筑，尽显移民文化的源远流长。旧深圳东门一带曾经骑楼商铺密集，岭南建筑特色鲜明。这里 1000 多万常住人口中，约有 400 多万客家人，与所有的移民城市一样具有丰富的多元文化、多彩的生活方式和多样化的选择。

深圳地面 1700 多年的郡县史、600 多年的南头城和大鹏城史、300 多年的客家人移民史成为城市雄厚的文化根基。秦始皇征服岭南，时属南海郡的深圳便逐步融入了中原文化。深圳市的前身宝安县建制始于公元 331 年。东晋的东官郡辖地相当于现在的深圳市、东莞市和香港等范围；郡治在宝安县（南头）。宋代这里是南方海路贸易的重要枢纽。明洪武年间设立了东莞守御千户所及大鹏守御千户，后来扩建东莞守御千

大鹏所城的韵味

户基地，建立新安县，县治在南头，辖地包括今天的深圳市和香港区域。南头古城曾是晚清深港澳地区的政治中心。“南头古城”在南山区内，与大鹏所城为同时期建筑，当时叫东莞御千户所城。墙高 2 丈，周长 578.5 丈。在古代，南头既是广州门户，又是深圳地区的中心。历经 600 多年，现存古城遗址中保存得比较完整的有明代修的南门、清代修的东门和东门四周大部分的土墙。南头城内还保留了一些古代街道格局和不少古建筑，如清代建筑 " 东莞会馆 "、城隍庙和观音阁等。

大鹏所城雄伟庄重、风格古朴的城门和明清时期民居保存完好；数座建筑宏伟、独具特色的清代“将军第”有序分布，是广东省不可多得的大型古建筑。古城内还有侯王庙、天后宫、赵公祠、参将署等一批古迹。[11]

鸦片战争后港岛、九龙和新界割让租借给英国，深圳与香港分治。1979 年宝安县改为深圳市，1980 年全国人大常委会批准在深圳设置经济特区。

越是发达和先进的城市，越有“寻根”的需求。在 30 多年现代化建设疾飞猛进中的深圳市，注重推进大鹏所城、南头古城、客家民居、咸头岭遗址等历史建筑、传统街区和考古遗址的保护与利用。2004 年“深圳八景”评选活动揭晓，大鹏所城、莲山春早、侨城锦绣、深南溢彩、梧桐烟云、梅沙踏浪、一街两制和羊台叠翠在 31 处候选景观中脱颖而出。[12]

作为“深圳文化游”路线，以深圳博物馆、地王观光为文化游中心，向西可以游览欢乐谷、世界之窗、南头古城；而向东则可以游览小梅沙、大鹏所城、鹤湖新居，从大梅沙望向盐田集装箱港、鹏鸟戏海滩，别有一番情趣。[13]

大梅沙鹏鸟戏海滩

鹤湖新居客家围楼

典型的客家民居罗氏家族鹤湖新居规模宏大，继承中原府第式建筑、赣南客家四角楼和粤东兴梅客家围龙屋、广府民系“斗廊式”住房的传统，是客家文化的历史见证。

位于深圳市盐田区沙头角镇的中英街，1898 年刻立的“光绪二十四年中英地界第 × 号”界碑，将原沙头角一分为二，以其“一街两制”的独特政治历史闻名于世。

现代风格的超高层建筑是深圳这座年轻城市的地标。主要有深圳平安国际金融中心、京基 100、地王大厦、赛格广场、深圳国际贸易中心大厦等。其中 69 层的商业大楼地王大厦，不但形体设计“通、透、瘦”独树一帜，而且创造了世界超高层建筑最“扁”、“透”、“瘦”的记录，成为深圳独特的旅游景点。从国贸大夏旋转餐厅鸟瞰深圳，蒸蒸日上的现代化城市建构气势让你对改革开放充满自信。

3.2.3 从商圈建设到服务经济的飞跃发展

凝聚人气、吸纳财富的深圳商圈在 20 世纪 80 年代崛起，到 1992 年基本格局逐步形成。深圳城市商业中心这些年有两次大转移的路径，第一次转移是人民南商圈 / 东门商圈 / 华强北商圈；第二次转移是华强北商圈 / 国际滨海商圈及南山商业文化中心区商圈。城市规划和地铁的发展推动了深圳城市商业的升级，地铁串接起了各个传统的商业中心，地铁二号线还将城市商业的未来推向了南山。自从 1999 年滨海大道开通，南山飞速发展。南山 CBD 带来的规划效应以及品质提升更为南山商业的发展预留了强劲无比的动力。在《深圳市商业网点规划（2006 ～ 2010 年）》中，南山商圈被圈定为继东门、华强北之后的“第三商圈”。随着海岸城购物中心、保利文化广场、友谊城百货、儿童世界南山店、好百年家居广场、缤纷假日广场商业街等商业巨头开业，南山商业文化中心商圈已经成为南山商圈中的热点区域，代表着深圳滨海城市特色的大型国际化商圈。[14]

地王大厦和京基 100 新建筑

气势不凡的京基 100 大厦入口

横贯深圳市区中心地段的深南大道是深圳最繁华的道路，也是深圳充满生命活力和创新、锐利、理性、务实城市精神的物质建构象征，沿线集中了深圳建筑的精华、最重要的旅游景区和著名的企业，是国内少有的具有高度现代化特征的景观街道。先期建成的国贸和地王大厦、刚刚落成的京基 100，这些刺向长空的超高层塔楼逐步强化了裙楼附属建筑的功能互补。华润置地在深圳首建万象城，历经 10 年，万象购物中心、君悦酒店、幸福里公寓等八大项目精心绘就丰富多彩的城市天际线；地下空间延伸到京基 100 裙楼和风格平实的大剧院；由曲线曲面直线平面艺术建构的城市商住综合体，成了地标建筑的新概念、商业地产的新高度。

全国两家证券交易所之一的深交所进入规模化、市场化发展新阶段。目前深圳拥有外资金融机构 38 家。深圳作为中国内地著名会展城市，钟表展已经成为全球第三大钟表专业展；家具、珠宝首饰等传统产业产品展会日趋规模化、国际化。建筑面积 28 万平方米的深圳会议展览中心于 2004 年竣工并投入使用。

深圳市规划提出，加快商贸会展基础设施建设，初步形成涵盖口岸货物集散、大宗商品交易与定价、国际会展与跨国采购、国内市场流通、国际消费购物等功能的现代商贸业体系。加快建设以多层次资本市场为核心的金融市场体系，提升深圳金融市场能级和市场主体的综合实力，打造罗湖蔡屋围、福田中央商务区和南山前海三大金融集聚区，建设以多层次资本市场、创业投资以及财富管理为特色的全国金融中心。构建全球性物流枢纽城市，促进东西港区协调发展，加快构建多业态融合、信息化水平高、国际竞争力强的现代物流服务体系。

3.2.4　坚持提升品质，打造宜居宜业城市环境

深圳以经济特区范围扩大为契机，全面推进特区一体化建设；优化城市空间布局，城市的布局、形象，随着功能转变和产业结构调整，沿深南大道、滨海大道、北环大道逐步扩展和提升。

按照组团化、差异化、特色化发展要求，福田中心城区综合功能增强，罗湖服务型经济加快发展，南山创新型城区建设全面推进，盐田现代化滨海城区特征愈益显著，宝安、龙岗城市化水平快速提升，光明、坪山两大新型功能区成为新的增长极，龙华和大鹏功能新区设立，形成定位明确、各具特色、协调互动的区域发展新格局。

统筹安排城市开发建设时序，依照“主攻西部、拓展东部、中心极化、前海突破”的策略，加快西部填海工程，推进大空港区建设，初步完成宝安、光明重点城区的改造工程。加快坪山 - 大亚湾地区、深莞惠边界地区的开发建设，提升东部地区的城市化水平，形成辐射周边地区的次中心功能。以深圳北站至深港边界为中央功能轴，依托轨道交通、高快速路网构建城市中心功能拓展区。加快前海深港现代服务业合作区建设，形成新的增长极。

以城市更新释放发展空间，提升土地集约利用水平，推动城市发展由依赖增量土地向存量土地二次开发转变，由单一功能开发向整体功能开发转变。重点推进盐田港后方陆域片区、宝安松岗片区、龙岗深惠路沿线等重点区域的城市更新。综合运用城市更新、土地整备、城市发展单元等手段实施土地二次开发，加速释放一批优质空间，推动航空城、华为科技城、笋岗—清水河片区等一批重点片区的综合开发。

福田市民中心

加大深圳河、龙岗河、坪山河、观澜河、茅洲河等河流的治理力度，

深圳盐田港

构建“四带六廊”生态安全体系，完善绿化生态系统。

为了应对金融危机对珠三角传统发展模式的强力冲击，借鉴香港总部经济对加工制造业替代的经济成功转型经验，以深圳、香港两地为核心，通过优势互补、创新资源的集聚整合，共同构建具有国际竞争力的创新集群体系，使深港创新圈成为全球区域创新中心。努力把前海建设成为粤港现代服务业创新合作示范区。

加快推进深莞惠一体化发展，推动深莞惠边界地区的开发与合作，建设深莞惠城际产业合作示范区，提高区域整体竞争力。推动深莞惠与广佛肇、珠中江经济圈融合发展。建立跨界水污染和区域大气复合污染联防联治机制。逐步实现资源共享、优势互补、协调发展、互利共赢。

深圳深南大道、滨海大道的超高层建筑如雨后的笋田竹节，沐浴着改革开放的春风春雨，节节拔高，竞相显示出业主的经济实力、技术层级和审美意象；然而城市设计如何处理结构形象大同小异的一堆竹笋与务实理性、开拓创新城市精神的关系，却是不小的难题。城市中心区 CBD 楼宇经济、总部经济，营销品牌奢侈品、由追逐时尚新潮的高档商圈串起的豪华商业地产综合体，功能、形象、气质都聚焦到以面子文化、符号消费为荣的高富帅、白富美畸形消费群体，以及公款旅游、公款付费的灰色消费群体。在 20 世纪末和 21 世纪前 10 年，期盼的目光、理念的追求、致富的欲望带着滚滚人流、资金流、物质流，都涌向深圳。

问题在于，时至今日，严格限制公款消费、厉行节约成风、理性务实消费成为主流的后金融危机时代；面对电子交易平台和网购、快递流通模式迅速增长的挑战，国

深圳华润万象城优美的天际线

门大开奢侈品销售和价差不再因特区特殊政策凹地而吸引全国商家和销售群体朝圣之后，不仅华润置地万象城需要思考下一个 10 年会不会风光不再？而且我们还需要探讨离开产业经济强势发展，离开投资人强烈预期，深南大道、滨海大道会不会也风光不再？靠“三来一补”代工致富、靠农民工贡献青春才华而不能移民融入城市主流的发展模式翻篇之后，城市建构“春天的故事”能不能在深圳，在更多的城市好戏连台？

站在大梅沙望盐田集装箱港、鹏鸟戏海滩、深圳市十大观念浮雕群、围楼式客家风俗博物馆，深刻感受到开拓创新的海洋文化植入客家人实用理性、奋斗自强的传统精神，一批敢想敢干的改革先锋怎样利用毗邻港澳的特殊地位，特区利用外资的特殊政策，突破传统经济体制、传统发展模式束缚，成就了深圳经济发展和城市建构的无比辉煌。发人深省的是，深圳 30 多年迅速崛起的版本能否在全国顺利复制？

3.3　贵阳市

3.3.1　夜郎文化，甲楼毓秀

贵阳是贵州省会，一座具有独特山川形胜、人文气息的城市。独特的夜郎文化、阳明文化孕育了贵阳依山傍水、绿带环绕、风光旖旎的城市魅力。良好的生态、宜人

贵阳甲秀楼“城南胜迹”牌坊

的气候是贵阳的城市骄傲。

春秋时期贵阳地面是牂牁国辖地，战国时属夜郎国范围，汉朝由牂牁郡所辖。夜郎国敢与汉室朝廷一比高下，足见当时的实力和雄心。唐朝贵阳属矩州，宋朝时期称贵阳为“贵州”，元朝统治者称为顺元城。明代永乐年间，贵州正式成为明朝的第 13 个行省，贵阳成为贵州省的政治、军事、经济、文化中心。贵阳自古是兵家必争之地，为了防范土著民族动乱及屯垦兵民潜逃回乡，在贵阳周边多设有关隘；现有关隘遗址共 15 处。清顺治年间，设贵州巡抚驻贵阳军民府。康熙年间移云贵总督驻贵阳，改贵阳军民府为贵阳府。民国时贵阳直隶于贵州省长公署，设贵阳市，辖九个区。1949 年中华人民共和国成立后成立贵阳市人民政府，之后行政区划和隶属关系几经变化；1996 年实行市带县体制，现辖六区、一市、三县。贵阳是一个多民族杂居的城市，汉族人口占大多数，布依族次之，苗族人口居第三位。[15]

坐落在贵阳市区南明河万鳌矶石上的甲秀楼，与涵碧潭、浮玉桥、芳杜洲、翠微阁、观音寺、武侯祠、海潮寺合成一组瑰丽的风景建筑群，气度非凡。甲秀楼是贵阳文化的象征。明万历年间，贵州巡抚江东之修建甲秀楼，取科甲挺秀之意。此后贵州出了三位状元，其中两个住在甲秀楼下南明河畔。王阳明的再传弟子马廷锡曾在此讲学传道；张三丰真人云游至此，赞叹此地藏龙卧虎。甲秀楼是一座木结构的阁楼，三层三檐，

贵阳甲秀楼

朱梁碧瓦，下有 12 根白石柱托住檐角，四周以白色雕花石栏围护。

清代刘玉山所撰 206 字长联脍炙人口，概括了山城贵阳的地理形势及历史变迁：五百年稳占鳌矶，独撑天宇，让我一层更上，茫茫眼界拓开。看东枕衡湘，西襟滇诏，南屏粤峤，北带巴衢；迢速关河，喜雄跨两游，支持那中原半壁。却好把猪拱箐扫，乌撒碉隳，鸡讲营编，龙番险扼，劳劳缔造，装构成笙歌间，锦绣山川。漫云竹壤偏荒，难与神州争胜概。数千仞高凌牛渡，永镇边隅，问谁双柱重镌，滚滚惊涛挽住。忆秦通棘道，汉置牂河，唐靖且兰，宋封罗甸；凄迷风雨，叹名流几辈，销磨了旧迹千秋。到不如成月唤狮冈，霞餐象岭，岚披凤峪，雾袭螺峰，款款登临，领略这金碧亭台，画图烟景。恍觉蓬州咫尺，频呼仙侣话游踪。

始建于 1378 年的布依土司城堡历经无数战争，有“攻不破的青岩城”之誉。青岩镇是中国历史文化名镇，在中国冷热兵器过渡时期巧妙运用地形地貌、依山就势、合理布局、投入少而城市攻防能力最强的营城杰作，攻防体系完善。至今留下的石头城墙、石板街、石屋、石寨，是汉文化与苗、布依等少数民族文化融合的奇葩。多元文化汇集的古镇里完好地保存着清末状元赵以炯的状元府、赵氏大宗祠等古建群和中国最早的民间邮政业务代办信局。

新建的贵州歌剧院和一流的独立 IMAX 影城，将成为贵阳市文化产业标志性建筑，是贵州开始尝试通过建设与国际接轨的文化设施的第一步，构筑展示多彩的本土文化和吸纳国内外特色文化的平台。

3.3.2 山国之都、山体公园、爽爽贵阳

贵阳市地处黔中山地丘陵中部，长江与珠江分水岭地带；作为喀斯特地貌发育典型地区，拥有以“山奇、水秀、石美、洞异”为特点的喀斯特自然景观和人文旅游资源。这里夏无酷暑，冬无严寒；环城林带提供了富足的负氧离子，一年四季不干燥，无风沙，博得了“上有天堂，下有苏杭，气候宜人数贵阳”之美誉，2007年被中国气象学会授予了“中国避暑之都”荣誉称号。贵山之南，山国之都，森林之城，吸引了大量国内外朋友在5～10月“避暑季”来爽爽的贵阳避暑乘凉，在10月至第二年4月“温泉季”来爽爽的贵阳泡汤养生。贵阳全力将气候优势转化成经济优势，打造泉城五韵、花溪区天河潭、息烽国际汽车露营基地等重点景区、景点，推出了避暑旅游文化系列产品。

围绕提升“爽爽贵阳·避暑之都”旅游品牌知名度，推进旅游标准化、国际化建设，优化提升花溪十里河滩、小车河城市湿地公园、黔灵山公园、青岩古镇、南江大峡谷、桃源河、南明河沿线街区等一批景区景点，高端策划宣传，深度开发国内市场，大力拓展境外市场。贵阳以旅游业为引领，以会展业、物流业、金融业等为支撑的现代服务业的“蝶变”，成为贵阳市经济社会发展的强劲引擎。

山国之都贵阳城镇规划建设用地十分紧张，城镇绿化用地先天不足。因地制宜，充分发挥城镇多山体、山体多植被的自然优势，建设城镇山体公园化绿地，彰显了多山城镇的园林绿化地域特色，建设费用约为综合性公园的一半。节地、节水、节材、节能，优势显著；山体公园化绿地成了贵阳建设生态文明城市的方向。[16]

黔灵山公园弘福寺

以“黔南第一山”而得名的黔灵山公园，山上保存有第四纪冰川期遗迹，地质构造复杂；植物种类繁多，古木参天，植被茂密；是教学实习的良好基地；沿“九曲径”登山可达建于明末清初的贵州著名佛寺之一的弘福寺。南江峡谷公园是中国

首家峡谷公园、陶渊明的第二故乡；发育典型、气势宏大的喀斯特峡谷风光和类型多样、姿态万千的瀑布群落具有很高的美学价值和科学价值。全国罕见的城市湿地 / 花溪城市湿地公园属以喀斯特地貌为特征的城市湿地公园，特色鲜明，深受人们的赞誉。[17]

3.3.3　营造西南交通枢纽，加速发展特色经济

贵阳是大西南重要的交通枢纽、工业基地及商贸旅游服务中心；坚持环境立市、科教兴市、工业强市、开放带动、可持续发展五大战略，致力于打造全国生态文明城市、国家创新型城市、西部地区高新技术产业基地、区域性商贸物流会展中心、内陆开放型经济示范区、旅游休闲度假胜地。

受喀斯特地形地貌和地理位置的影响，相对薄弱的交通基础设施成为制约贵阳发展的瓶颈。贵阳以城市干道和高速公路网、铁路运输网、城市交通网建设为重点，构建城市轨道交通、市域快速铁路、城际铁路、快速城市干道相结合的城市交通体系。2006 年市域一小时交通网络已经形成；2009 年贵阳环城高速公路全面建成通车；2011 年贵阳进入三环时代；2012 年三环十六射全线贯通。[18]

作为国务院确定的“黔中经济区”、“成渝经济区”和“泛珠三角经济区”内的重要中心城市，贵阳是一座以资源开发见长的综合型工业城市。铝土矿占全国的五分之一，优质磷矿占全国七成。贵阳是全国最大的铝工业生产基地之一，全国三大磷矿基地和精密光学仪器生产基地之一，全国五大电子仪器仪表生产基地、全国航天、航空、电子三大国防科学工业基地之一。近 10 年来，贵阳坚持生态文明理念，加速装备制造业、现代药业、物流业、烟草和特色食品产业、铝及铝加工、磷煤化工六大特色产业的振兴与发展。在产业布局调整上，建设十大工业园区，提高产业集中度。高端化改造传统产业，集团化培育特色产业，规模化发展新技术产业和战略性新兴产业。通过建设花溪高校集聚区，着力构建高等教育创新人才高地；实施创新驱动战略，支持创新要素、创新资源向产业、园区、企业集聚，推动科技成果资本化、产业化、商品化。

贵阳新貌

贵阳市作为国家服务业综合改革试点区域和全国“流通领域物流示范城市”，大力推动服务业升级，打造金融、物流、商贸“三大区域性中心”。采取政府主导、市场化运作模式，实施“引金入筑”工程，开发建设贵州区域性金融中心/贵阳国际金融中心，努力把贵阳建设成在西部具有影响力的资源产权交易中心和排放权交易中心。着力推进二戈寨、扎佐、金阳和清镇物流园区建设步伐，动工建设西南国际商贸城、贵阳石板农产品物流园、孟关汽车贸易城等一批专业市场。

3.3.4 国家战略：贵安新区领跑西部大开发

按照“世界眼光、国内一流、贵阳特色”的要求，超前谋划黔中经济区核心区发展，高起点规划、高标准建设“三区五城五带”（贵安新区、双龙新区、北部新区；百花生态新城、花溪生态新城、天河潭新城、龙洞堡新城、北部工业新城；二环四路城市带、贵阳至遵义城市带、贵阳至安顺城市带、贵阳至毕节城市带、贵阳至凯里及都匀城市带），进一步优化城市空间布局，完善配套服务功能，推进产业集群发展，提高区域间快速通达能力，增强辐射带动功能。

贵阳国家级高新技术产业开发区1992年经国务院批准建立，“金阳科技产业园”和“新天科技工业园”分别位于贵阳市金阳新区和新天园区。区内建有知识经济产业化基地、国家级中国（贵阳）片式元器件产业园、医药工业园、贵州火炬软件园、留学回国人员创业园、科技企业孵化器等产业基地和企业孵化器，还设有海关，建有保税仓储区。

贵安新区位于贵州高原中部、贵阳市和安顺市中心地带，规划面积1795平方公里。国务院《关于进一步促进贵州经济社会又好又快发展的若干意见》提出要推进贵阳安顺一体化发展，把贵安新区建成以航空航天为代表的特色装备制造业基地、重要的资源深加工基地、绿色食品生产加工基地和旅游休闲目的地、区域性商贸物流中心和科技创新中心。作为国家“十二五”规划西部五大新区之一，贵州举全省之力，计划通过5～10年的努力，把贵安新区打造成为内陆开放型经济新高地、新型工业化和信息化融合发展示范区、高端服务业聚集区、生态文明建设引领区、国际休闲度假旅游区；成为西南地区产业集聚、功能完善、服务配套、环境优美、安全宜居，特色鲜明、景象良好的组团式山水园林城市。

2014年1月国务院关于同意设立贵州贵安新区的批复说，要把建设贵安新区作为深入实施西部大开发战略、探索欠发达地区后发赶超路子的重要举措，加快推进体制机制创新，发展内陆开放型经济，把贵安新区建设成为经济繁荣、社会文明、环境优美的西部地区重要的经济增长极、内陆开放型经济新高地和生态文明示范区，努力推

蓬勃的新区建设

动贵州经济社会又好又快地发展。

贵州省省长要求贵安新区实现生态环境、人文条件、后发优势三“贵”；建成人民安居乐业、生态环境安全、社会和谐安定的三“安”新区；要在生态文明建设、文化旅游产业发展、体制政策、城市风貌上求新求特。按照“全国极具特色的一流城市新区”标准规划建设贵安新区；按照建成内陆开放型经济示范区的长远目标要求，建立健全全方位开放机制，打造面向周边国家、区域的重要经济文化交流平台。

贵阳已经编制提交《贵安新区总体规划》（纲要）和《贵安新区发展规划》，有序组织市政工程、综合交通、起步区道路交通工程设计、城市水系统、绿地系统及景观园林、城市风貌、村庄保护与改造等专项规划和中心区控规及城市设计等编制，同时启动《中心区控制性详细规划》、《城市生态系统专项规划》、《地下空间开发利用规划》、《贵安新区产业发展规划》等一系列专项规划编制工作，形成支撑新区建设发展的规划框架体系。

3.3.5 后发赶超，建设全国生态文明示范城市

国务院关于贵阳城市总体规划（1996 ~ 2010 年）的批复指出，贵阳市的城市建设

与发展要遵循经济、社会、人口、资源和环境相协调的可持续发展战略，优化产业结构，培植支柱产业，发展特色经济，完善城市功能，把贵阳市建设成为经济繁荣、社会文明、环境优美的现代城市。要根据贵阳市“山、水、洞、林”的自然景观和独特的民族风情，创造富有特色的城市风貌。

根据这个规划，贵阳市实施了新区建设、旧城改造和小城镇建设“三轮驱动”战略，2003年决定实施建设“大贵阳”，2005年年初决定实施“加快生态经济市建设”的战略，2007年开始建设生态文明城市。2012年国家发改委批复《贵阳建设全国生态文明示范城市规划》，贵阳成为“十八大”以后全国首个获批的生态文明建设规划城市。贵阳市市长说，建设生态文明城市的过程是一个长期艰苦奋斗的过程，构建一个绿色的经济生态体系、宜居的城镇生态体系、友好的自然生态环境体系、自强的文化生态体系、清廉的政治生态体系，需要全社会的广泛参与。[19]

《贵阳市生态文明城市总体规划（2007 ~ 2020年）纲要》提出，坚持生态规划理念，建设生态贵阳；坚持人本规划理念，建设和谐贵阳；坚持特色规划理念，建设宜游贵阳；坚持统筹规划理念，建设宜居贵阳；坚持经济规划理念，建设宜业贵阳。全市形成以风景名胜区为核心，山体绿化、河湖水系为基础，历史文化遗产为特色，生态景观廊道相贯通的区域生态网络体系；加强城市生态绿化建设与历史文化遗产保护，塑造城市自然文化特色。合理开发利用城市旅游资源，建设“森林之城”、“休闲避暑胜地”，力争创建国家环保模范城市、联合国人居环境奖城市。中心城区形成“一城三带多组团、山水林城相融合”的空间布局结构。打造山中有城、城中有山；城在林中、林在城中；湖水相伴、绿带环抱的城市特色。[20]

为建设“绿色经济崛起、幸福指数更高、城乡环境宜人、生态文化普及、生态文明制度完善”的全国生态文明示范城市，贵阳一是坚持消费低碳化、环境人文化，广泛普及生态理念；二是坚持生产清洁化、利用高效化，切实保护生态环境；三是坚持产业生态化，着力提高生态效益。构建可持续的生态效益价值体系，规模化发展高附加值的生态农业，建设环城绿色产业经济带，实现美化城市环境与增加群众收入的有效统一。

围绕黔中经济区核心区和贵安新区规划布局，进一步优化空间布局。推进“三区五城五带”建设，不断拓展城市发展空间；推进二环四路城市带15个功能板块建设，打造特色鲜明的生态文明城市精品示范带，构建优化主城与拓展新区的联动圈；启动实施50个示范性城市综合体，打造一批时尚现代、环境优美、功能复合、带动力强的“城中之城”。

目前贵阳正在销售的100万平方米以上的超级大楼盘就有13个，建筑规模超过1000万平方米的楼盘有四个。贵阳大盘众多，模式不同。国际生态城突出旅游、养老、

充满活力的贵阳

生态地产的概念；西南国际商贸城突出商业旺角的概念；未来方舟兼具博物馆、歌剧院、室内娱乐中心等文化设施；数个大盘牢牢占据了贵阳各个方位的房地产概念。[21]

城市化进程中超大楼盘集中建设，专家们担心城市文脉、人文关怀，能否得到个性化体现；房地产投资增资和有购买力的刚性需求与开盘规模和价位的时空对接是否会出现错位；文化旅游、产业创新、商业流通、金融安全、地方财政都与房地产业绑定，政策的公平公正和风险的防范预警是否有体制机制的保障。

城市化路径由城市文化传统和经济发展阶段所决定。[22] 根据中国的实践，还受生态区划、政策级差、城市群分工左右；更受决策程序和科学化民主化程度，市民包括移民、投资人、游客、专家、开发商、决策者利益诉求博弈结果的影响。如果把经济高速增长、城市面貌日新月异作为主要追求，并且把土地财政作为城市建设的主要资金来源，城市以人为本的功能和建筑、景观、园林、道路的均衡协调难于充分体现，城市文脉、城市肌理可能置之度外，千城一面、千楼一面的趋势会愈演愈烈，更容易被投资热钱导致供需时空错位、投机炒作导致楼市价位和销量成过山车，甚至崩盘。

阳朔峰林烟雨

3.4 桂林市

3.4.1 灵渠连通长江珠江，昔日广西首府桂花成林

桂林市位于广西南岭山系山地丘陵地区，典型的“喀斯特”岩溶峰林地貌，千峰环立、一水抱城、洞奇石美。城市有水路连接湘江和漓江，经梧州与珠江相连，可直达广州、香港和澳门。

桂林是一座具有2000多年历史的文化名城，名称来源于“桂花成林”。夏商周时期，这里是“百越”人的居住地。秦始皇修灵渠连接湘江珠江水系，在这里置桂林郡。从汉至清，朝廷在这里设县治、州治；明清时均属广西省桂林府；民国时属广西省；历史上长期为广西省会。现在全市辖五个城区12个县。

唐武德四年，李靖修城于独秀峰南。明代的靖江王城和王陵是目前中国规模最大、保存最完好的王城和陵墓。兴安灵渠、恭城文庙、靖江王府及王陵、李宗仁故居及官邸、八路军桂林办事处旧址等，都被国务院批准为国家重点文物保护单位。

桂林是个多民族聚居的城市，在此聚居的壮、苗、瑶、侗等少数民族，保持着古朴、奇特、多彩的民俗风情。壮族的三月三歌节，瑶族盘王节、达努节，苗族芦笙节、拉鼓节，侗族花炮节、冬节等，都对中外旅游者具有很强的吸引力。桂林的文化具有山地文化的特色，总体来说更接近长江流域的文化。桂林的建筑风格具有山地民族干阑楼的骨架，也与长江流域的相似。[23]

改革开放以来，桂林市把发展旅游业提到战略高度来规划设计与建设。加大了历史文化遗产保护和传承力度，重点建设桂林历史文化产业园、靖江王城及王陵、甑皮岩古人类遗址；先秦文化灵渠遗址文化主题公园，保护性开发李宗仁故居等一批历史文化遗址，恢复重建桂林西庆林寺、全州湘山寺等宗教文化圣地；保护利用兴坪、大圩古镇和江头村等一批名镇名村、风景名胜区和民族特色村镇。兴建桂林“国际旅游演艺之都”，支持“印象・刘三姐”、愚自乐园等一批国家和自治区文化产业示范基地的可持续发展和产业延伸。

3.4.2　千峰环野立，一水抱城流，桂林山水甲天下

桂林头顶国家重点风景游览城市和历史文化名城两顶桂冠，“三山两洞一条江”是桂林山水精华的代表。象鼻山、伏波山、叠彩山是被漓江串起的三颗明珠；“大自然艺术之宫”芦笛岩、七星岩是观光溶洞的代表；如带漓江，蜿蜒曲折，明洁如镜，是桂林的魂。桂林的山平地拔起，似碧玉簪，千姿百态，是桂林的脊。漓江渔火、阳朔峰丛、龙脊梯田、兴坪古镇、黄布倒影、九马画山、浪石风光，引人入胜；八角寨、

漓江渔火

龙脊梯田

灵渠、桂海碑林、王城等景区各具特色。[24]

桂林市加大旅游资源整合和开发力度，近些年推出了两江四湖、乐满地、印象刘三姐、愚自乐园、龙胜温泉、银子岩、杉湖铜塔、秦城水街等，各具特色和高品位旅游精品。组合推出由市区和灵川县构成的城市旅游板块；以阳朔为中心，荔浦、恭城、平乐组成的南片旅游板块和以兴安为中心，龙胜、资源、全州、灌阳组成的北片旅游板块；形成了漓江、百里小康生态文明长廊两条黄金旅游带；构筑了山水观光、休闲度假、商务会展、历史文化、红色旅游、民俗风情、城市旅游等多元化旅游产品体系。[25]

曾几何时，由于工业的快速发展，城乡生产生活用水和漓江生态环境用水的失衡，美丽的漓江几乎断流，枯水季节难于行船。“十二五”期间，桂林加快实施《桂林生态市建设规划》，加大生态资源保护力度，打造生态山水名城。实施《漓江风景名胜区总体规划》，编制《漓江流域保护与发展总体规划》；完善漓江生态补偿机制，提高水源林生态功能，提升绿化美化水平。加强漓江航道及主要支流河道整治，严格保护洲岛景观，强化沿岸石山及洞穴保护开发与安全管理。启动漓江喀斯特地貌申报世界自然遗产工作，猫儿山自然保护区列入联合国教科文组织“世界人与生物圈保护区网络”。

全面实施“绿满八桂”绿化造林工程和生态修复工程，大力推进山区生态林、珠江防护林、自然保护区和湿地生态系统建设，巩固天然林保护、退耕还林成果。

《桂林国际旅游胜地建设发展规划纲要》经国务院同意，由国家发改委批复后，桂林旅游发展上升为国家战略。2013 年是全面建设桂林国际旅游胜地的起步之年，坚持走农业稳市、文化立市、旅游兴市、工业强市之路，按照“加快建设新城，着力提升老城，城乡协调推进，产业融合发展，生态文化结合，富裕和谐桂林”的部署要求，努力增强发展的动力和活力，建设桂林国际旅游胜地，建构美丽桂林。

3.4.3 显山露水、连江接湖、保护山水名城

桂林的城市规划突出风景游览和历史文化名城的城市特色，以“保护山水名城，建设园林城，发展生态城”为发展目标，形成具有桂林特色的城市发展的基本空间布

局模式：古城居中再现历史名城核心风貌；两江、三区奠定山水城市格局；双环三边建立园林城市骨架；四轴多中心强化城市经济职能；山野环抱保持地区生态特征。

桂林城市建设的主要特色是“显山露水、连江结湖、开墙通景、增绿减尘”。“两江四湖”工程是大规模城市改造最亮丽的一笔，成为桂林城区的主打名片，修建了 18 座名桥，再现“千峰环野立，一水抱城流”的景观，水上市区游的梦想成为现实。

为解决桂林城区的外洪内涝，漓江上游兴建三个水库，桂林市区修建防洪堤 42.2 公里，防洪工程提高到百年一遇的标准。[26]

“十一五”时期，桂林完善了漓江和沿桂阳、桂黄公路百里小康生态文明长廊两条黄金旅游带，构筑了山水观光、休闲度假、商务会展、历史文化、红色旅游、民俗风情、城市旅游等多元化旅游产品体系。全面实施城市交通畅通优化工程，完善纵贯南北、连通东西、衔接老城新区的交通网络。完善老城功能，加强重要节点及公共服务设施改造建设；注重商业业态的统筹谋划，加快站前路商业广场等产业项目建设。推进特色文化街区建设、城乡风貌改造、“两江四湖”环境整治二期、黑山植物园一期等一批项目的建设，提升了城镇综合承载和服务能力。

桂林两江四湖夜景

依据《桂林国际旅游胜地建设发展规划纲要》，2013 年桂林把握建设世界一流旅游目的地、全国生态文明建设示范区、全国旅游创新发展先行区、区域性文化旅游中心和国际交流重要平台的战略定位，加快形成以服务经济为主导、特色经济为支撑的现代产业结构；探索以旅游为纽带的城乡统筹协调发展新途径，加快形成城市空间布局、产业布局、基础设施、城市建设和管理、生态环保、文化教育等整体协调发展格局。整合优势资源，实施“品质旅游”战略，丰富提升山水观光、休闲度假、历史文化、生态乡村、民族文化演艺、红色旅游、户外运动、浪漫婚典八大系列旅游产品。

科学整合利用漓江沿线旅游资源，开发提供差异化服务产品，满足差异化消费需求，打造世界级的漓江景区精品山水观光休闲旅游带。深度开发丹霞地貌景观，形成喀斯特地貌与丹霞地貌联动提升的桂林旅游新品牌。重点提升桂林中心城区、阳朔田园旅游区、兴安灵渠、藩王文化景区、临桂历史文化遗产、全州天湖景区等旅游资源品质。

进一步强化与珠三角、长三角、西南、港澳台等区域城市的旅游交流合作，充分利用中国 - 东盟博览会平台，加强与东盟国家旅游合作。

3.4.4 保护漓江，向西发展，开发临桂

2007 年，桂林按照自治区“保护漓江、发展新区、再造一个新桂林”的要求，制定了“开发西部，优化中部，提升东部，适度发展南北部”的发展思路和“把西部区域打造成为承接产业转移的重要基地”的决策，为桂林这座名城开辟出新的发展空间。[27]

桂林市 50 多平方公里的老城区人口稠密，交通拥堵，沿江两岸成长条形扩展。由于历史原因，桂林三金药业、天和药业、冶金机械厂、三花股份等知名企业都落户在老城区，中心城区的生态环境压力和有限的发展空间遏制了企业的规模扩张。桂林市实施“向西发展”战略，举步“西迁”市区 60 家老企业以及机关、学校。桂林市市长说既要山清水秀，碧水蓝天，又要作好招商选资，承接东部的产业转移，让经济发展起来，也让老百姓过上富足的生活。[28]

保护漓江

临桂新区的规划和建设按照“一主（行政中心区）、三辅（旅游区、空港物流区、产业园区）、两组团（会仙湿地旅游组团、万福休闲旅游组团）”布局，推动人口和产业集聚；要在 100 平方公里

的土地上按照工业、物流、空港经济、行政中心和商业配套服务五大区域定位加速发展，凸显桂林市“精致和谐、大气开放”的精神面貌，让临桂新区成为“青山绿水之下崛起的一个新桂林”，形成城市功能配套、生态山水新城特色鲜明、产业集聚发展、人口超 20 万人的现代化新城区。[29]

要把苏桥经济开发区打造成为广西西江经济带上的重要产业基地和桂林工业产业新城。重点建设橡胶产业园和汽车及零配件产业园，着力打造客车生产、汽车及零部件、橡胶产业、高新技术成果转化等基地，加快发展装备制造业、生物医药、电子信息、电力、化工、环保建材产业以及与新城建设配套的产业。

3.4.5　新规划新起点：国家旅游综合改革试验区、服务业综合改革试点区

桂林地处成渝经济区、中部经济试验区、泛珠三角经济区、泛北部湾经济区的交汇处，也是沟通中西部与东部沿海经济的桥梁，贯通国内与东盟的枢纽。国务院出台《关于进一步促进广西经济社会发展的若干意见》以后，泛珠三角“9+2”、泛北部湾区域经济合作更为紧密。桂林市“十二五”规划提出，全面推进桂林国家旅游综合改革试验区和桂林国家服务业综合改革试点区域建设，全力打造“一城二区三中心四基地”，将桂林建设成为综合经济实力较强、文化繁荣、环境优美的世界一流休闲旅游城市。一城：是以中心城区特大城市为核心的桂北城市群；二区：桂林国家旅游综合改革试验区、桂林国家服务业综合改革试点区域；三中心：国际旅游目的地和游客集散中心、国际区域性综合交通运输枢纽、广西文化创意产业和演艺中心；四基地：国家高新技术产业基地、西南现代装备制造业基地、广西节能环保产业基地、广西特色农业产业基地。

在空间布局及功能区划安排上，调整优化市域发展空间格局，推进人口向城镇集中、产业向园区集中、居住向社区集中；提高土地集约利用效率。桂林市经济发展空间划分为“一轴两带”，包括桂林市区沿高速路发展四大优势产业，改造提升六个传统产业的中心经济轴，因地制宜发展特色经济的东部资源经济带和西部生态经济带。

桂林街景

围绕建设国家服务业综合改革试点区域打造五大服务业试点示范区：一是打造以阳朔为中心的生态休闲旅游和度假示范区；二是打造以临桂新区和七星区为重点的区域

魅力阳朔

商务会展产业与旅游等相关产业融合发展示范区；三是打造以桃花江旅游度假区、万福休闲旅游度假园区、沿桂阳公路雁山区域为主，辐射周边区域发展的养生度假和“栖息式”社会化养老产业示范区；四是打造以主城区、灵川八里街商贸物流园、铁路西货站、铁路北客运站和临桂新区两江机场航空港物流园为重点的商贸和现代物流集聚示范区；五是打造以叠彩区站前广场为节点，漓江沿岸为轴带的体育文化特色消费示范区。

老城区要优化突出历史文化和以旅游为主的现代服务业的核心功能，整治王城周边环境，保护历史文化街区，营造城市特色风貌，建设一批旅游休闲的特色街区。实施以漓江为重点的城市环境综合整治，加快“城中村”和城市危旧房改造。

参考文献

[1] 田飞，李果 . 寻城记：广州 [M]. 北京：商务印书馆，2012.

[2] 周斌 . 历史与地理织就的城市肌理 . 国家人文历史 [M].2013，7.

[3] 桑义明，肖玲 . 广州的双核结构演变及其城市发展定位分析 [J]. 华南师范大学学报（自然科学版），2003，4.

[4] 周斌 . 现代广州的旧城改造：加速逝去的老广州 [J]. 国家人文地理，2013，7.

[5] 北京老夏 . 广东：寻找老羊城里的慢生活 . 新浪博客，2012-11-19.

[6] 张秀钦，吴燕萍 . 游走广府文化大观园 [N]. 羊城晚报，2012-09-28.

[7] 蒋铮，吴奕，张晓如，唐晓玲 . 广州新规划要凸显中心城市地位 [N]. 羊城晚报，2007-09-10.

[8] 魏凯，严明昆，黄鼎曦，余宏炳 . 广州新城市格局确定：打造多中心组团发展 [N]. 南方都市，2012-11-05.

[9] 走进深圳 . 深圳政府在线，2012-10-27.

[10] 高新科技 . 深圳政府在线，2012-10-27.

[11] 深圳市文体旅游局 . 深度游：深圳城市指南，http//www.szwtl.gov.cn.

[12] 深圳市规划局 . 深圳历史文化遗产保护知多少 . 百度文库，2012-04-06.

[13] 西工大附中 . 深圳历史文化游设计 . 百度文库，2010-09-14.

[14] 广州道本 . 深圳商圈历史轨迹 . 房策天下，商业地产专栏，2007-03-12.

[15] 建制沿革 . 中国贵阳政府门户网站，http：//www.gygov.gov.cn ，2008-09-24.

[16] 自然地理 . 中国贵阳政府门户网站，http：//www.gygov.gov.cn，2009-09-15.

[17] 张艳阳 . 贵州因地制宜建设城镇公园 [J]. 中国建设报，2012-10-26.

[18] 贵阳：科学发展 十年辉煌 . 人民网“迎接十八大地方巡礼”贵阳专题报道，2012-09-19.

[19] 贵州宣传部 . 李再勇谈贵阳加快建设生态文明示范城 .http：//www.sina.com.cn，2013-03-06.

[20] 贵阳市生态文明城市总体规划（2007~2020 年）纲要 . 中国贵阳政府门户网站，http：//www.gygov.gov.cn，2009-03-13.

[21] 刘林鹏，杜冉乐 . 贵阳建超大楼盘可住 35 万人 . 新华网，2012-10-23.

[22] （美）布赖恩 · 贝利 . 比较城市化：20 世纪的不同道路 [M]. 顾朝林等译 . 北京：商务印书馆，2008.

[23] 广西桂林旅游攻略 . 图游记，http：//www.sina.net，2012-09-17.

[24] 梦幻般的旖旎风光：桂林阳朔四日游 . 图游记，http：//www.sina.net，2012-8-20.

[25] 桂林漓江四宝：鲜香可口，回味无穷 . 博知苑，http：//www.sina.net，2012-07-24.

[26] 孙磊 . 桂林的城市新名片 [N]. 杭州日报，2007-09-26.

[27] 刘桂阳，周利朔 . 桂林市保护漓江 提升桂林城市魅力和核心竞争力 . 中国新闻网，http：//www.sina.net ，2007-10-11.

[28] 刘飞锋 . 实施东进西扩：26 亿元投资拉开工业新桂林序幕 [N]. 南国早报，2007-07-11.

[29] 骆展胜 . 桂林加快实施向西发展战略：市区 60 家企业将西迁 [N]. 广西日报，2007-10-26.

第 4 章

环渤海经济圈的耀眼明珠

“环渤海经济圈”狭义上是指辽东半岛、山东半岛、环渤海滨海经济带，同时延伸辐射到腹地山西、辽宁、山东以及内蒙古中东部，分别约占全国国土面积的 13% 和总人口的 22%。该经济区为欧亚大陆桥东部起点之一，跨越东北地区、华北地区以及华东地区。区域内包括北京、天津、沈阳、大连、太原、济南、青岛、烟台、石家庄、唐山、秦皇岛等多座城市。海洋文化与悠久的中原文化碰撞交融，现代科学技术和管理理念助力老工业基地的转轨转型，演绎出丰富多彩的地域文化和城市建构特色，本书概要解析的名城是：天津市、沈阳市、大连市和青岛市。

4.1　天津市

4.1.1　漕运重镇 / 京畿门户 / 洋务基地：近代百年看天津

天津作为直辖市，是拱卫京畿的要地和门户；位于环渤海经济圈的中心、华北平原海河五大支流汇流处；东临渤海，北依燕山。古黄河曾三次改道，在天津附近入海。天津因为隋开凿京杭大运河，进行大规模漕运而兴旺起来。在明永乐二年（1404 年）正式筑城，是中国古代唯一有确切建城时间记录的城市。

汉武帝曾在武清设置盐官，隋朝修建京杭运河，南运河和北运河的交会处，史称三会海口，是为天津最早的发祥地。唐朝在芦台开辟了盐场，在宝坻设置盐仓。北宋时归辽国管辖，在武清设立了“榷盐院”，管理盐务。南宋时金国在三岔口设直沽寨，天后宫附近已形成街道；元朝改直沽寨为海津镇。明代燕王朱棣渡过大运河南下夺位称帝后，将此地改名为天津，即天子经过的渡口之意。作为军事要地，明政府在小直

天津的历史记忆

天津解放广场

沽一带筑城设卫，称天津卫；后增设天津左卫和右卫。清初合并为天津卫，设立民政、盐运和税收、军事等建置；后升为天津府，辖六县一州。

清末，天津作为直隶总督的驻地，成为李鸿章和袁世凯兴办洋务和发展北洋势力的主要基地。1860 年天津成为通商口岸后，西方多国在天津设立租界。天津成为中国北方开放的前沿和近代中国“洋务”运动的基地。由天津开始的军事近代化，以及铁路、电报、电话、邮政、采矿、近代教育、司法等方面建设，均开中国之先河。天津成为当时中国第二大工商业城市和北方最大的金融商贸中心。1901 年，由八国联军组成的天津都统衙门下令拆除城墙。民国初年，天津在政治舞台上扮演了重要角色，数以百计的下野官僚政客以及清朝遗老进入天津租界避难。1928 年国民革命军占领天津，国民政府设立天津特别市。中华人民共和国成立后，天津行政区划几经变故，1967 年恢复直辖市。现在天津有 12 个市辖区、1 个副省级区、3 个市辖县。市辖区分为中心城区、环城区和远郊区。[1]

4.1.2　万国建筑博览会　津门故里中国味

天津位于河海要冲，九河下梢，河道密布，多次引黄济津。这里建有各式各样的

天津金钢桥世纪钟

桥梁100多座,其中跨海河桥梁达20多座,每座桥都有不同的样式。海河桥梁有永乐桥、金钢桥、狮子林桥、进步桥、北安桥、大沽桥、赤峰桥、大光明桥、直沽桥等。近代开埠,天津拥有一些西方开启式钢桥,如吊旋的解放桥、金钢桥,平转的金汤桥,平拖的金华桥。桥梁专家茅以升说:“几乎全国的开合桥都集中在天津”。

天津经历600余年的建设,造就了中西合璧、古今兼容的独特城市风貌。既有鼓楼、天后宫、石家大院等雕梁画栋、典雅朴实的传统古建筑,又有众多新颖别致的西方“小洋楼”建筑,包括英国的中古式、德国的哥特式、法国的罗曼式、俄国的古典式、希腊的雅典式、日本的帝冠式等。

1902年建成的天津意式风情区,它名新意街,于2005年修缮完毕,自海河岸边绵延到胜利路。它为当时意大利在中国天津的租界区,也是中国唯一的意大利租界,是意大利本土以外唯一大型建筑群。意大利租界时期留下的小洋楼和名人故居,经过整修成为旅游和商务休闲场所,14个街区已陆续完成修缮和招商工作。在新意街,名人故居建筑有:梁启超饮冰室、曹锟故居、冯国璋故居、曹禺故居、华世奎故居、第一工人文化宫和意大利兵营等风貌建筑。马可波罗广场有典型的意大利风格建筑,保留了100余年以前的地中海风情。建在这里的天津城市建设博览会以翔实生动的实物、模型、图片和文字,向市民讲述城市规划建设的古往今来,以及最有特色的历史建筑和历史街区的迷人故事。

天津作为历史文化名城,有全国重点文物保护单位15处,包括独乐寺、大沽口炮台、望海楼教堂、义和团吕祖堂坛口遗址等,还有天津文庙、五大道租界区、名人故居、天津鼓楼、广东会馆、周恩来邓颖超纪念馆、平津战役纪念馆、南市食品街、天津民

天津新意街

商业一条街天津劝业场

天津之眼

俗博物馆等建筑，连同市区外的杨柳青博物馆（石家大院）、小站练兵场等历史遗存。

在天津市最为出名的“天津商业一条街”，保留着著名的天津三大商场：天津劝业场、华联商厦、天津百货大楼。这里是天津城市功能和城市形象推陈出新的典型标志。[2] 新时期天津建造了很多风格迥异的建筑，如曾为中国第一高的天津广播电视塔，具有欧式风情的天津金融城标志性区域津湾广场、天津音乐厅，融合中国传统折纸艺术元素的现代风格建筑津塔，巴黎拉德芳斯区新凯旋门风格的津门建筑群，玻璃与钢结构形如天鹅的天津博物馆，世界上唯一建在桥上的跨越海河永乐桥的摩天轮“天津之眼”，大型现代火车站天津站、天津西站，以及天津站旁全金属质地的世纪钟等。华灯初上，乘游艇逛海河，津门故里的意象转换、意式风情的古往今来、天津之眼的古今穿越，让你觉得不是威尼斯，胜似威尼斯：历史长河中城市肌理和文脉的演变，扑面而来，发人深思。

4.1.3 “国际港口城市，北方经济中心”城市功能转变和“双城两港”空间格局调整

2006年国务院将天津定位为“环渤海地区经济中心、国际港口城市、北方经济中心、生态城市”，并将“推进滨海新区开发开放”纳入国家战略，设立为国家综合配套改革试验区。2009年国务院批复同意天津市调整滨海新区行政区划，天津已经形成了“双城双港”的城市形态。

天津是中国近代工业的发祥地，重要的老工业基地。自滨海新区成为国家综合配套改革试验区以来，天津采取依靠重大工业项目拉动的策略，优化产业结构，已经形成航空航天、石油化工、装备制造、电子信息、生物医药、新能源、新材料、国防工业等八大新兴支柱产业。目前已经有大飞机、大火箭、大造船、大乙烯、大炼油、大钢管、小手机、小汽车等一批大项目、好项目，形成“三机一箭一星一站”产业格局，建成6个国家级新型工业化示范基地，产业聚集效应进一步显现。形成五种具有示范效应的循环经济模式。

金津湾广场

天津五大院街区

天津以滨海新区为载体，成为中国金融企业、金融业务、金融市场和金融开放等方面重大改革先试先行的示范区。近年来，天津商贸中心的作用不断加强，成为全国南北物资交流的重要枢纽和辐射东北、西北、华北地区的商品集散地。已经建成银河购物中心、万达广场、水游城、大悦城等大型商业综合体；新建改造佛罗伦萨小镇等 38 条特色商业街。津湾广场一期、泰安道五大院、意式风情区、极地海洋世界等特色商业旅游设施交付使用，国际邮轮母港开港运营。梅江会展中心和天津滨海国际会展中心等相继建成。

津门故里

天津市着力构筑高端产业、自主创新、生态宜居三个高地，统筹滨海新区、中心城区、郊区县三个层面联动协调发展，大力推动示范工业园区、农业产业园区、农村居住社区“三区”联动发展，在中心城区大力发展高端服务业和都市型工业，同时在郊区县强力推行城乡一体化发展战略。

依据新世纪的城市定位和功能需求，实施“双城双港、相向拓展、一轴两带、南北生态”的《天津市空间发展战略》，“双城”是指天津市中心城区和滨海新区核心区；“双港”是指天津港和天津南港。中心城区实施“一主两副、沿河拓展、功能提升”的城市理念，确定在中心城区建立市级中心商务区。中心城区“一主两副”为小白楼地区城市主中心，西站地区、天钢柳林地区城市副中心。中心城区按照“金融和平”、“商务河西”、“科技南开”、“金贸河东”、“创意河北”、“商贸红桥”的功能定位，启动中心城区旧楼区综合提升改造工程，初步形成大方洋气、清新靓丽、中西合璧、古今交融的城市风格。生产方式绿色循环，生态环境优美和谐，人居环境舒适良好，天蓝地绿水清气净，成了天津这座老工业城市的新追求。

天津的“十二五”规划安排打造功能完善的现代化国际港口城市，以“双城”为中心、“两港四路”建设为重点，充分发挥港口资源优势，推动总部经济、会展经济、邮轮经济、文化创意、研发设计、中介咨询等新兴服务业加快发展。基本建成了世界一流国际港口城市。

4.1.4 天津滨海新区构筑21世纪改革开放新高地

按照2006年国务院发布的《关于推进天津滨海新区开发开放有关问题的意见》，到2020年要逐步建设成为国际港口城市、北方经济中心和生态城市。根据国家赋予的功能定位，滨海新区以发展高端制造业为主，同时打造与制造业相匹配的高端服务业，建设北方国际航运中心和国际物流中心，进而发挥服务环渤海、辐射“三北”的作用，逐步建设成为经济繁荣、社会和谐、环境优美的宜居生态型新城区。

滨海新区由原塘沽区、汉沽区、大港区以及天津经济技术开发区等区域整合而成，包括先进制造业产业区、临空产业区、滨海高新区、临港工业区、南港工业区、海港物流区、滨海旅游区、中新天津生态城、中心商务区九大产业功能区。2010年滨海新区生产总值占据天津市的半壁江山。[3]

位于天津港东疆、我国规划面积最大的保税港区，正从事建设中国特色自由贸易港区的改革探索，完善国际中转、国际配送、国际采购、国际贸易、航运融资、航运交易、航运租赁、离岸金融服务8项功能，建设成为北方国际航运中心和国际物流中心核心功能区，以及综合功能完善的国际航运融资中心。

2009年起滨海新区组织了“十大战役”：以“项目集中园区、产业集群发展、资源集约利用、功能集成建设”的思路，选取南港、临港工业区、核心城区、中心商务区、中新生态城、东疆保税港区、滨海旅游区、北塘、西部、中心渔港10个区域，从南到北整体布局，由东到西统筹推进。从规划设计、整理土地、设施建设、招商引资、强化服务入手，“十大战役”做大了滨海新区的经济总量，航空航天、石油化工、电子信息等八大产业正在形成高端化、高质化、高新化优势产业集群。

市政府工作报告说，深入落实国家发展战略，开发区、保税区竞相发展，建成内陆“无水港”23个，“大通关”体系基本形成。高水平现代制造业和研发转化基地初步形成。百万吨乙烯、千万吨炼油、空客A320总装线、中航直升机总装基地等项目建成投产，大推力火箭、300万吨造修船、长城汽车等项目加快推进，形成了航空航天、石油化工、电子信息、装备制造、新能源新材料等一批高端产业基地。

位于滨海新区的中新天津生态城，是2007年中国和新加坡政府总理签署框架协议，共同建设的一个“资源节约、环境友好、经济蓬勃、社会和谐”新型城市，是继苏州工业园之后两国合作的新亮点。[4] 中新生态城已经确定了22项控制性指标和4项引导性指标。现在已经发展了一批新能源新材料和环保节能降耗产业，国家动漫园2011年正式开园，已经累计吸引 220 余家企业入驻。全域盐碱地绿化 310 万平方米，包括污染底泥处理、河塘污泥吹填、盐碱地改良、雨水收集、可再生能源利用、全国最大智能电网、绿色建筑等一批生态环保节能技术，在这里创新应用。

滨海新区推进户籍制度改革，为重点企业的优秀一线外来员工，特别是低学历但有一技之长的骨干员工解决户籍问题，使他们成为城市的主人。天津滨海新区连续两年，每年给超过 1500 名优秀外来建设者解决本市户籍，还提供蓝白领公寓、法律援助服务等。[5]

4.2 沈阳市

4.2.1 “共和国长子”、老工业基地、国家新型工业化综合改革试验区

沈阳，古称“盛京”，位于中国东北地区南部；是中华人民共和国成立初期国家重点建设的以装备制造业为主的全国重工业基地之一，有“共和国长子”之称。沈阳地处东北亚经济圈和环渤海经济圈的中心，战略地位重要。2010 年中央批复沈阳经济区为国家新型工业化综合配套改革试验区，标志着沈阳经济区建设上升为国家战略。沈阳经济区由沈阳、鞍山、抚顺、本溪、营口、阜新、辽阳、铁岭 8 个城市组成，构成了资源丰富、结构互补、技术关联度高的辽宁中部城市群。[6]

按照振兴东北老工业基地的总体要求，沈阳坚持以增量调整经济结构，以创新促进产业升级，加快装备制造业三大聚集区和两大配套区建设；汽车及零部件、机械装备、电子信息、现代建筑、农产品加工五大产业实现千亿产出。华晨汽车、华晨宝马、上通北盛、机床、沈化、北方重工、远大、沈飞、沈煤、黎明航发、辽宁电力和东北电网 12 家企业年销售收入超百亿元。沈鼓 20 兆瓦电驱压缩机、沈变百万伏输变电设备等 66 个产品，已进入世界先进行列。

沈阳金融商贸开发区

沈阳是国家四大航空制造

业基地之一，国际特种机床装备成为国家级高新技术产业化基地，泗水科技城成为首批国家级科技成果转化示范基地，软件和信息服务业收入连续三年位居东北之首。

沈阳正在努力创建国家创新型城市，充分发挥高新技术企业和在沈高校、科研机构的资源优势，实施以自主创新为核心的品牌战略，全面提升产业核心竞争力。推进重点优势企业制定品牌发展规划，引导、鼓励不同规模的优势企业依托专利技术和优质产品创国际知名品牌。

铁西区荣获了“2008 联合国全球宜居城区示范奖”。“铁西老工业基地调整改造暨装备制造业发展示范区”称号的获得，标志着沈阳老工业基地调整改造取得了重大阶段性成果。沈阳金融街的长足发展，金融商贸开发区获得“中国金融生态区”和“中国最具竞争力金融开发区”称号，标志着成为东北区域金融中心的条件更加成熟。铁西装备制造业聚集区、浑南新区、沈北新区、棋盘山国际风景旅游区、汽车及零部件产业基地、航高基地等一批重点发展空间的形成，增强了对产业发展的支撑和承载能力；基础设施水平的进一步提高，城市集聚和辐射功能的不断增强，明显提升了区域中心城市的地位和作用。

4.2.2 城市总体规划与城市空间布局结构优化调整

沈阳市的城市发展目标确定为：推进东北金融中心、综合性枢纽城市建设，提升城市实力，把沈阳建设成为立足东北、服务全国、面向东北亚的国家中心城市；推进生态文明建设，把沈阳建设成为人与自然和谐共生的生态宜居之都；坚持走新型工业化道路，集约发展、合理布局，把沈阳建设成为具有国际竞争力的先进装备制造业基地；加强历史文脉保护和特色风貌建设，把沈阳建设成为历史文化与现代文明交相辉映的文化名城；加快向经济开放、文化包容的东北亚国际大都市迈进。[7]

“十二五”期间，深入推进优化发展空间、做大中心城市、做强县域经济、加强生态建设和着力改善民生“五大任务”，合理确定重点地域的发展定位，形成各具特色、优势互补、协调发展的空间布局。

中心城区重点强化国家中心城市核心功能，全面提升先进装备制造、金融中心、商务会展、区域物流、科技研发和文化创新等功能；加强综合交通枢纽建设，推进多边经贸合作和国际交流，形成辐射、带动东北地区乃至全国的枢纽与中心。规划构建“一主四副”的城市空间结构。“一主”指城市主城，包括三环内用地及浑南新城。“四副”是主城综合服务功能拓展和城市核心生产功能发展的主要区域，包括铁西产业新城、蒲河新城、浑河新城和永安新城。

主城是以东北金融中心为主体的现代服务业集聚区和历史文化风貌展示区，以金

中山广场的群雕

沈阳金廊工程街区

廊、银带为骨架，构筑大十字发展格局。市级中心主要包括金廊、太原街地区、中街地区等区域。金廊重点发展金融、商贸、商务、文化、体育等功能；太原街及中街地区重点发展现代商业，提升文化、旅游等服务功能。

铁西产业新城是东北老工业基地调整改造暨装备制造业发展示范区，是主城西部以装备制造、现代建筑为主导的综合性新城。蒲河新城是主城北部的综合性新城，是以高新农业、光电信息产业等为主导的新兴产业集聚区和现代生态新区。浑河新城是主城西南部以商贸、会展、物流为主导的综合性新城。永安新城是主城西北部重要的现代服务业示范新城，是区域性物流商贸基地和装备制造业配套产业基地。

优化工业用地布局，继续推进主城内传统工业的搬迁改造，工业用地主要向副城集中，促进优势产业集群快速发展。科研教育用地积极引导驻沈高校及科研院所在浑南新城、蒲河新城置地，形成优势互补、资源共享、产学研结合的高教和科技园区。大力推动浑南大学科技园和沈北职教城建设，做好规划控制和空间预留文化娱乐用地，结合浑河沿线、浑南新城中心及方城、中山路等历史文化街区改造，加快建设文化艺术中心、博物馆、影剧院、科技馆、图书馆等文化设施，提升城市文化品位和综合服务能力。

4.2.3　铁西老工业基地的凤凰涅槃

有“东方鲁尔”之称的沈阳铁西工业区，为我国的社会主义建设做出过重大贡献，

铁西重型文化广场

铁西老工业基地的技术改造也备受关注。然而，自20世纪80年代以后，在市场化取向的经济体制改革进程中，受多年积淀传统体制的制约和传统产业结构的影响，众多国企陷入经济下滑、停产破产、工人下岗失业的困境，一度成为老工业基地衰退的典型代表。随着"振兴东北老工业基地"战略和相关政策的提出，2002年铁西区与沈阳经济技术开发区合署办公成为铁西新区；实施"东搬西建"战略，用发展的思路、改革的办法，整体性、系统性、协调性推进人的改造、企业的改造、工业的重构、社会配套的改造。铁西区按照国家战略和市场需求调整产业结构、组织和布局；坚持走新型工业化道路，构建现代建筑产业集群、机床及功能部件产业集群、汽车及零部件产业集群、电气及配件产业集群、医药化工产业集群。通过退二进三，腾笼换鸟，将土地资源转化为土地资本、产业资本，进行了大规模企业搬迁改造。一片片现代化高层住宅、商厦以及与之相应的生活方式，迅速替代了当年那些老厂房、大烟囱及其相应的产销活动。一个充满活力、迅速发展的铁西新区，肩负起国家装备制造业发展示范区、国家可持续发展实验区、国家新型工业化产业示范基地、国家科技进步示范区、国家现代服务业改革试点重任，入选"新中国60大地标"。

《沈阳市城市总体规划（2011 ~ 2020年）》提出，沈阳是我国近现代先进重工业发展的重点城市，要对具有代表性的厂房、机械设备等工业建筑物和辅助构筑物，办公楼、展览馆、文化宫等建筑遗产实施系统性保护，充分展现沈阳悠久独特的工业发展历史和文化。铁西工业区是日本殖民时期以及中华人民共和国成立初期构建的近现代工业区。规划保护方格网道路格局，选择有代表性的工人居住区、工业遗产区加以保护，展示了沈阳早期的工业文明。

沈阳重型机械厂坐落于铁西工业区北部，始建于1937年。2009年5月18日随着最后一炉钢水浇铸成"铁西 NHI 北方重工"后，这座具有72年历史的老厂留下永久记忆后封炉。重工机械厂整体搬迁后，工业遗址被保留下来，包括浇铸最后一炉钢水的钢炉、钢水包和锯齿形厂房；利用老机器设备和零部件设计工业雕塑，利用部分厂区规划建设"重型文化广场"，以展示铁西区这些特色鲜明、具有典型时代特征和纪念意义的重工业符号。

工业博物馆内景空间

建于20世纪70年代初的矿山设备车间长240米、宽40米。大面积的单层钢排架结构锯齿形屋顶及重要的地理位置，使其成为该厂的标志性建筑。采用功能置换设计思路，将其改建为工业博物馆，形成工业、文化、艺术等展示空间、报告厅、工作室等；还原工业历史片段、创造出个性化创意空间环境，也给车间周边区域带来新的生命活力。通过改造前后新旧功能、空间、形体、材质，以及色彩的对比，让人们在欣赏现代艺术文化的同时，体会到传统工业建筑的魅力所在。[8]

4.2.4 打造历史文化名城，发展现代服务业

沈阳的城市建构特色反映了前清文化、民国文化和工业文化三大文化内涵；历史城区由盛京城、满铁附属地、商埠地、张作霖时期扩建区、铁西工业区五个主要地区组成。

沈阳有序开展新乐遗址博物馆、盛京皇城及锡伯族家庙等一批标志性文化设施建设和历史文化遗产保护工程；整合铁西工人村、和睦路工人村、中山路欧风街和老北市民俗文化元素等一批文化街区；改造建设西塔、满融两大朝鲜族文化特色区域；保护发展锡伯族文化，全面塑造一批代表城市特色的文化品牌。进行“一宫两陵”、张氏帅府及华强文化科技产业基地等精品景区建设，形成了旅游品牌效应。

沈阳商贸流通业的发展围绕“金廊工程”和地铁一、二号线工程，建设太原街、大中街、五爱街、长江街、南塔街、兴华街、浑南等大都市商贸中心，打造北市场民俗风情街等具有较高知名度和较强吸纳辐射功能的特色商业街，形成商贸流通服务业发展核心区。以沈阳经济区节点新城为依托，形成商贸流通服务业发展拓展圈。商务会展业重点建设沈阳国际展览中心、新世界会展中心、华润万象城、龙之梦亚太城、恒隆市府广场、乐天世界、中国•新加坡国际生态商务区、东北总部基地等一批具有国际水准、超大体量的高端商务设施，吸引更多的国内外知名企业总部和地区总部入驻。

沈阳的城市建构，是由不同时期、不同文化背景的决策者依据不同功能需要，在不同地区建造的不同结构和风格的历史街区、地段所组成，尽管每个区块曾经精心设

盛京皇城故宫

沈阳老火车站

计过，但是整体上属于自然生长而非按照统一规划有序建造，因而具有拼贴城市的特色。《拼贴城市》一书指出，运用拼贴术的匠人与运用科学方式的建筑师有所不同，匠人们运用的是一种理智的修补术，并不按照事先严格制定的设计方案去工作，与任何特定的计划没有关联。[9] 可以认为这种拼贴操作方式构成了传统城市的基础。现代城市所强调的则是一种关于未来世界科学式的整体幻想，而这种幻想又始终夹杂着对于历史情调的怀念。现代建筑的不统一性对多元性和共识性提出了要求。

有几个问题需要在沈阳现代城市建构进程中深入思考和总结：在沈阳旧城改造进程中，旧城墙旧城门在中华人民共和国成立之初已经全部拆除；后来复建的怀远门等基本丧失了当年的韵味。20 世纪初对沈阳故宫和昭陵周边环境进行了综合整治，但是故宫前的街路，特别是明清一条街的功能、形象、风格、意蕴尚需系统设计和整修，使之有机展现了历史街区的完整风貌。

沈阳南北两个大学城是由陆续独立迁建的大学所构成，公共设施特别是科研平台、科技支撑体系、创新创业孵化器的建设，尚需系统谋划、统筹规划，有效组织。

沈阳先期规划设计、陆续建造中的金融开发区，作为城市的CBD，与后期规划建设、贯穿城市南北中轴的“金廊工程”，在城市文脉传承、场所精神塑造、功能、形象、风格、意蕴等范畴，尚需统筹协调，科学组织，以利资源最优组合，整体效益最优。

浑南新城意象

华润万象城

全运会主场

铁西作为老工业基地，工业遗产高度集中，规模、体量、代表性和系统性，全国罕见。陈伯超说，在沈阳企业大规模搬迁改造时期，大量工业遗产被推倒铲平，时间之骤，变化之速几乎容不得充分思考，全面衡量。城市工业文明遭受重创泯灭已成不争事实。陈伯超等学者提出总体策划和系统建构工业遗产保护地的规划，尚需高层论证认同，顶层设计组织，有序分步实施。[10]

有专家描述：2004 年 3 月 23 日清晨 6 时整，随着起爆电钮被按下的刹那间，沈阳某工厂的三座百米高的大烟筒在爆破中瞬间土崩瓦解。随即，拆迁队伍和推土机进场，在地球上抹去了这个始建于 1936 年的老厂。[11]

也许需要静下心来想一想，在现代城市的建构中，如何驱逐幻象，寻求秩序与非秩序、简单与复杂、永恒与偶发、私人与公共、变革与传统、回顾与展望的共存。

大连金石滩高尔夫球场

4.3 大连市

4.3.1 浪漫之都：海韵、广场、足球、时装、商都

大连位于辽东半岛最南端，依山傍海，环境优美，气候宜人。大连精心营造城市品牌，精心设计的大连老虎滩海洋乐园是中国最大的一座现代化海滨游乐场；大连圣亚海洋世界有亚洲最长的海底透明通道，把您带进全景式的海底世界。金石滩国家旅游度假区建有最具挑战性的金石高尔夫球场；山海之间的大连森林动物园特色鲜明；发现王国、星海广场、大连现代博物馆、大连观光塔、大连女子骑警基地、冰峪旅游度假区、旅顺世界和平公园以及旅顺东鸡冠山景区风韵独特。[12]

大连方言与烟台、威海等地口音类似，清晰地表明文化受山东半岛地域影响至深。夏商之际，开辟出今蓬莱至大连的航线；春秋时期，齐桓公向辽东地区批量移民，自

大连星海广场

大连街景

战国一直到秦汉时期，大连地区都属辽东郡辖区。大连地区在魏晋时称三山，唐朝时称三山浦，明清时称三山海口、青泥洼口，一直默默无闻。19 世纪 80 年代，清政府于今大连湾北岸建海港栈桥，筑炮台，设水师，建成小镇，港兴城兴。1897 年，一批对法国文化情有独钟的沙俄工程师，揣着巴黎的城建图纸来到这里，希望在这里再造一个“东方巴黎”。由此形成了大连的一大特色：以广场为中心，街道向四面八方辐射。大连当初得名“达尔尼”，意为遥远的城市：一个远离莫斯科和圣彼得堡的地方。1905 年，日本人占领了这个城市，把“达尔尼”音译成了汉语“大连”。[13]

大连全城有 80 多个广场，四面辐射的街道保留一些韵味独特的历史建筑；广场文化丰富多彩，绿地、白鸽、雕塑、喷泉、圆舞曲熠熠生辉。最具代表性的星海广场，五盏大型宫灯高高挂起，汉白玉华表一柱冲天，与周边各具特色的建筑交相辉映。

大连保留着清代南子弹库、电岩炮台、白玉山、关东军司令部旧址、中苏友谊塔、历史博物馆等近代著名历史遗迹。大连有世界上最早的 10 个航标灯塔中仅存的 3 个灯塔之一，即旅顺老铁山灯塔，还有中国保存最完整的监狱陈列馆——旅顺日俄监狱旧址。在大连，特别是旅顺，清晰可见历史上日俄在这里激烈争夺的痕迹，记录着外来文化对城市建构的深刻影响。

大连素有“足球城”之称，1994 年中国足球职业化以来，大连万达足球队在 9 年全国职业联赛中 8 次夺冠。足球精神，实质是团队合作、开拓进取、顽强不息；足球文化实质是一种竞争文化、拼搏文化、进取文化、开放文化。新时代大连的崛起、腾飞，离不开大连人骨子里的足球精神和足球文化。[14]

大连精心塑造充满活力的新兴服装城，每年 9 月初举办的“大连国际服装节”吸引了全世界名流和游客的高度关注。贯通中西的立体剪裁法使大连服装艺术风骚独领，

达沃斯会场：大连东港国际会议中心内饰与外观

所创造的服装品牌融日本的做工精细、欧美的挺括潇洒、中国的典雅神韵为一体，大有“衣披天下”的气势。

达沃斯夏季会议已在大连举办两届并常驻大连。大连的展览业异军突起，成为大连的新经济增长点。星海会展中心于1996年落成以来，成功举办了中国大连进出口商品交易会、大连国际服装博览会和汽车、家电、家具、五金、渔业、电子通信产品等展会300多个。全市有青泥洼、天津街和西安路、长春路、和平广场等商业区。大连商场成为中国最大的国有零售商业企业集团。沃尔玛、家乐福、麦德隆、百盛、宜家、迪卡侬等都已落户大连。大连正在向现代化国际商都迈进。

4.3.2 别具特色的名城旅游战略规划

以打造“浪漫大连”旅游品牌为切入点，紧密结合城市建设总体规划，开发整合海、山和近现代史人文资源；总体空间格局是构建一核：浪漫休闲都市区（都市核）；两翼：旅顺军港旅游区（旅顺口翼）、阳光休闲旅游区（新市区翼）；五区：东部海韵休闲观光区、西部海韵休闲度假区、北部山水林泉养生度假区、长海休闲旅游区、中部田园人文旅游区。

重点实施六大战略：“区域联动”的空间战略、“多元复合”的产品战略、“产业联动”的产业战略、“精品品牌”的品质战略、“文化提升”的内涵战略、“国际接轨”的升级战略。抓好六项工程，包括：1.形象营造工程。全面导入“浪漫之都”城市视觉识别体系；制定“浪漫之都”的城市标准色。2.特色娱乐工程。挖掘大连之夜的魅力，形成大连城市旅游的重要支撑。3.浪漫市民工程。使“热爱生命、关注健康”的大连市民成为“新的旅游吸引物”。4.城市营销工程。积极实施《浪漫大连》宣传工程，树立城市的品牌与个性。5.旅游商品开发工程。打造一批全国著名的旅游商品名牌。6.旅游致富工程。

星海湾大连贝壳博物馆

扩大劳动就业，促进经济发展。[15]

系统策划旅游业全域布局，积极开发高端旅游项目，规划游艇码头、水上飞机俱乐部等新型高端旅游消费品基地。重点发展避暑度假游、都市游、乡村游、历史文化游、温泉生态游，建设东北亚滨海旅游中心城市和重要的门户型国际旅游目的地。

俄罗斯风情街

加强对历史风貌建筑的保护、整修和利用，开展俄罗斯风情街、日本风情街等历史文化街区的抢救维修工程和保护性开发。长约 1200 米的风鸣街建于 20 世纪 20 年代，是当年日本普通侨民的居住区，带有巴洛克式的城市结构、“和风欧式”建筑、冲水厕所等建筑元素。20 世纪 90 年代，北九州市作为大连的姊妹城市，精选了其中的 10 座房子，把它们整体移植到了日本。2010 年开始拆迁时，一些老街保护志愿者奔走呼吁，对这些极有保留价值的老街不能进行伤筋动骨的拆除。[16]

4.3.3 开放引领、转型发展、民生优先、品质立市

大连是我国 14 个沿海开放城市之一，已经建有国家级开发区 7 个。2010 年成立大连金州新区，与金州区、大连经济技术开发区、大连金石滩国家旅游度假区合署办公。2010 年新组建的大连保税区，与大连出口加工区合署办公。

大连工业基础雄厚，具有较强的承载世界制造业转移的能力。形成以石化、电子、机械、轻纺服装、冶金建材、食品医药等行业为主的工业体系。大连造船厂、大连造船新厂、大连机车车辆厂、大连起重机厂都是中国同行业的骨干企业。

大连理工大学、海事大学、海洋大学、东北财经大学、科学院大连化物所为经济发展提供了强力支撑。按照国家产业布局和实施东北地区等老工业基地振兴战略规划重点，大连正在建设以高新技术和新兴产业为先导，大型石化工业、电子信息产业和软件、先进装备制造业和船舶制造四大基地为支撑，新型材料、服装、家具、饮料和农产品深加工等优势产业快速发展的新型工业体系。

大连商品交易所是中国三大期货交易所之一，也是亚洲最大、全球第二的大豆期货市场；塑料期货已成为世界最大交易市场；2011 年落户大连的东北亚现货商品交易所是我国唯一的国家级现货商品交易所，此外，还将于大连市东港商务区建一座全国级的总部大厦。

大连依托城区综合优势大力发展金融商贸、软件信息、科技服务、会议展览等现代服务业，优先发展楼宇经济、总部经济、网络经济。推进市区“北方不夜港”工程，以东港中央商务区、星海湾会展商务区、普湾新区国际会展城、小窑湾商务区为核心，积极承办大型高端国际会议，建设区域性国际商务会展中心。以启动钻石海湾规划建设为契机，加快推进区域内企业搬迁升级改造，打造集商务、旅游、金融为一体的现

大连理工大学研究生院

大连软件信息服务中心

代服务业集聚区。

规划到“十二五”期末，基本实现城市功能国际化、产业结构高端化、基本公共服务均等化、基础设施现代化、人民生活富裕化。调整和拓展产业布局。按照企业向园区集中，重点开发和招商项目向重点园区集聚原则，加快主城区传统产业向北部、沿海转移，构筑以黄渤海两岸产业园区为主体、以北部生态旅游为重点的“两岸一带”现代产业空间布局，形成由辽宁沿海经济带的重点发展区域、支持区域和市重点支持区域组成的 29 个现代产业发展聚集区，成为大连市经济发展主要增长区域。

4.3.4　优化空间开发格局，全力推进全域城市化

按照四大组团总体框架，不断优化全域空间布局和功能区格局。主城区服务经济迈向高端化、集约化，中山区、西岗区、沙河口区、甘井子区，重点建设金融中心、物流中心、生态科技创新城、国际商务区、知识经济聚集区和生态宜居城区；发展以总部经济、金融保险、软件和创意产业、科技服务、商贸流通、信息服务、旅游会展、文化休闲为主体的高端现代服务业。旅顺口区围绕绿色经济区建设，重点发展港航物流，建设东北亚旅游胜地、环渤海及东北地区重要交通枢纽、历史文化名城和科技创新城区。高新园区重点建设旅顺南路软件产业带，集中发展高端服务业和高端制造业，建设成全球软件和服务外包新领军城市的核心功能区、生态环境一流的创新型科技新城区。

新市区组团中，金州新区、普湾新区和保税区加快建设基础设施和服务功能比较完备的新城区，着力打造东北地区对外开放的龙头和现代产业核心区、国际滨海旅游度假区与生态宜居新城区。金州新区组织好十大产业功能园区建设，打造先进制造业聚集区。

渤海区域组团、黄海区域组团、长兴岛临港工业区、瓦房店沿海经济区、花园口新材料基地、庄河临港经济区加快发展形成城市功能比较完善的产业与人口承载聚集区。

大连生态宜居街区

整体优化空间开发，分布在主城区和北三市建成区的开发区，总面积约 2100 平方公里。要严格控制开发规模和强度，调整优化城市空间结构，适当扩大城市建设空间，减少工矿建设空间，增加生态空间。尽快形成以提供高

大连星海会展中心和美术馆

端工业和服务产品为主体的功能区，成为带动全市实现科学发展新跨越的龙头区。新的重点开发区主要分布在渤海沿岸和黄海沿岸，总面积约4280平方公里。要加快基础配套设施建设，改善投资创业环境，增强产业和人口的聚集和承载能力，使之成为全市经济实现持续快速发展的重要支撑区。

大连港老港区

4.3.5 构建东北亚重要的国际航运中心

依据中央《关于实施东北地区等老工业基地振兴战略的若干意见》，“充分利用东北地区现有港口条件和优势，把大连建成东北重要的国际航运中心”。辽宁省确定由大连港整合辽宁沿海的全部港口，沿黄海、渤海两翼，重点建设并完善大窑湾（一岛三湾）核心港区，规划建设太平湾、栗子房核心港区及配套设施，加快建设长兴岛、旅顺新港、登沙河、松木岛、三十里堡、双岛湾、皮口、庄河（含黑岛港）、花园口九大港区；与营口、丹东、盘锦、锦州等周边城市一起打造分工明确、层次清晰的国际航运中心现代港口集群。进一步完善国际航运中心在东北亚地区主要港口的航线布局，增加航线密度，逐步把大窑湾港打造成为东北亚重要的国际集装箱干线港。构建以大连港为起点，沟通东北亚和欧洲的大陆桥。

实施大连“十一五”规划，国际航运中心框架基本形成，国际物流中心、区域性金融中心建设取得重大进展，现代产业聚集区初具规模，东北亚国际航运中心基本功能进一步完善。

今后着力建设东北亚国际物流中心，完善集疏运体系，形成以大连口岸为中心，以东北腹地为依托，主要面向东北亚市场的国际物流网络体系。加快内陆干港布局建设，发展保税物流，搞好铁海联运示范项目建设。推进大连空港国际物流园、香炉礁物流园等重点物流园区建设，加快货物集散中心向资源配置中心转变。进一步改善通关环境。

继续完善支撑物流网络的物流节点建设，重点建设营口、丹东、锦州和葫芦岛的物流合作节点；完善沈阳、长春、哈尔滨、满洲里和绥芬河一级物流节点，布局建设二级、三级物流节点；积极拓展东部沿海以及东南亚、中东地区、美洲和欧洲地区的物流节点。

大连商品交易所

加快建设现代金融市场体系。依托大连商品交易所，重点发展期货市场，努力增设新的期货品种，形成能源、化工、农畜、木材四大板块交易品种体系，加快建设亚洲重要的期货交易中心。积极开展跨境贸易人民币结算和离岸金融业务，培育发展离岸金融市场，建设东北地区资金结算和外汇交易中心。

紧紧围绕建设区域核心城市，充分利用好东北四城市（4+4）市长峰会、东北东部（12+1）区域合作组织、辽宁沿海经济带（6+1）城市经济联合体、环渤海区域合作市长联席会的合作机制，大力推进与东北乃至环渤海地区的务实合作，促进生产要素自由流动与合理配置。建设辐射东北地区的主要生产要素交易市场。推进与东北地区各主要经济区在软件和服务外包、港口物流业、金融服务业等领域开展合作与交流，建立互惠共赢的投资促进机制。[17]

4.4　青岛市

4.4.1　三面葱郁环碧海，一山高下尽红楼

青岛位于黄海之滨，环绕胶州湾，山海形胜，腹地广阔。青岛地区历史悠久，齐鲁文化源远流长。秦朝琅琊郡的郡治琅琊、胶东郡的郡治即墨，均在今青岛境内。秦始皇曾三临琅琊命徐福率船队起航采仙药。历代胶东王墓是山东省现存规模最大的王陵。汉武帝三临不其城，并在女姑山设明堂祭海。

被誉为“海上名山第一”的崂山，是道教发祥地之一。这里青松怪石，惊涛拍岩；人称天上碧芙蓉，谁掷东海滨。汉朝的张廉夫始建太清宫，宋太祖敕令扩建。丘处机、

青岛湾栈桥

张三丰等人在太清宫传道后，这里成为全真道教第二丛林；形成“九宫八观七十二庵”的盛大规模，存有成吉思汗赐予丘处机的御旨碑。太清宫中崂山道士的故事出神入化。

唐朝密州板桥镇作为著名贸易港口，设立了北方唯一的市舶司（海关）；宋朝与广州、泉州、明州并称为四大市舶司。元朝开凿的胶莱运河是世界上第一条沟通不同海域、用于海运的运河。明朝设立鳌山卫、灵山卫；青岛口、沧口、金口镇等港获准通商，即墨富甲一方。

清朝时，胶州为山东三大直隶州之一。1891 年登州镇总兵府从蓬莱迁到青岛，为青岛建置的开始。青岛湾中著名的栈桥，建于光绪十八年。桥头双层飞檐八角亭阁是青岛的重要地标。小青岛作为青岛标志之一，位于青岛湾内，岛形似琴，又名琴岛。1900 年建造的岛上灯塔，是国内外船只进出胶州湾的重要标志；“琴屿飘灯”为青岛市著名景观。[18]

19 世纪末，德国派兵占领青岛，宣布青岛为自由港，命名为青岛市，大港码头、胶济铁路相继开工，建设了雨、污分离的现代城市排水管网，是中国最早的现代城市排水系统。[19]

青岛在由传统军事重镇、农贸商埠走向现代港口、工业城市进程中，深受德国建筑文化影响。德国设计师毕娄哈设计的青岛天主教堂，是中国唯一的祝圣教堂。登州路啤酒街每天有数万人光临 40 多家不同风格的啤酒吧，参观利用 1903 年的青岛啤酒厂老厂房、老设备改建的青岛啤酒博物馆。[20]

青岛的八大关风景区，八条主要马路以我国著名关隘命名；始建于德占时期，20

世纪 30 年代形成规模。曾经聚居欧美人士和民国官商、清朝遗老；是海滨风光、万国建筑、中西园林的完美结合。八大关行道树分别是棕榈、银杏、杨、紫薇、五角枫、碧桃等，真是看花瓣时，闻香识路。这里汇集了西方各式建筑风格，不仅有欧美建筑大师的杰作，更有中国建筑师的艺术探索。2005 年被评为“中国最美的五大城区”之一。

青岛德式总督府建筑

青岛中山路建于 1897 年，南段建筑以德式风格为主，北段建筑以传统建筑和日式建筑为主，中山路周围集中了青岛市主要老字号。特色街区有辽宁路青岛科技街、昌乐路青岛文化街、华阳路旅馆街、重庆南路汽车商贸街、延安二路青岛婚纱街、北仲路体育街、即墨路小商品街、馆陶路德国风情街、城阳区韩国商贸街，还有红酒坊、地景大道、天幕城等极具特色的休闲商业街区。[21]

1914 年爆发了第一次世界大战，青岛成为亚洲唯一战场，日英联军占领青岛。青岛山炮台遗址是第一次世界大战的战场，被誉为远东第一大炮台。1919 年，巴黎和会将青岛租界主权让给日本，成为“五四运动”导火索。现在的五四广场主体雕塑《五月的风》，以螺旋上升的风造型和火红色彩，寓意“五四争青岛”的主题。

我们赞成吴为山的观点：任何一个城市雕塑都是引领精神的旗帜，中国现当代雕塑是中国精神的载体；我们的作品要有时代精神，打上时代的烙印，为这个时代谱写新的篇章。城市雕塑作为一个城市的名片，使人一目了然、回味无穷；有一定艺术创新和美感的雕塑，美在与环境文化背景的协调。而城市雕塑能否代表这个时代或者城市标记，要由时间来考验。[22] 城市管理者只有尊重艺术创作的规律，才能引领城市精神与时俱进，激发优秀的艺术家、建筑师创作出富于时代特色、地域文化的好作品。

1922 年中国收回青岛，直属北洋政府。1929 年被民国政府接收，设特别市、直辖。这期间，青岛政府抓教育、建学校、定规划、兴建设、促民生、斗日寇，奠定了青岛发展的坚实基础。中国最早的海洋高等学府海洋大学，建立于 1924 年。1922 年成立的青岛欧美帆船俱乐部，是中国最早的帆船俱乐部。2008 年青岛成功举办第 29 届奥运会帆船比赛，此后连续举办两届世界杯帆船赛，被誉为“世界帆船之都”。青岛奥帆中心位于浮山湾燕儿岛，北海船厂原址，毗邻五四广场。“燕岛秋潮”成了青岛著名景点。

青岛五四广场《无语的风》雕塑

青岛康有为故居

以独特的红礁海岸著称的青岛鲁迅公园，建于1931年。公园北侧的青岛水族馆隶属于1930年成立的中国海洋研究所，1932年建成时是亚洲第一座海洋馆。被梁思成先生誉为“海滨风光与中国传统建筑的最佳结合”。鲁迅公园对面的青岛海底世界，主要由潮间带、海底隧道和地下四层观光建筑三大部分构成。

著名景观“鱼山秋月”是观赏青岛“红瓦绿树、碧海蓝天”特色的最佳地点，是寻访青岛城市历史文化的首选地。深厚的齐鲁文化底蕴与现代西方文明交融，孕育出独特的青岛文化。作为新儒学研究中心，德国人卫礼贤在青岛设立礼贤书院及尊孔文社。20世纪30年代，康有为、沈从文、闻一多、老舍、梁实秋、萧军、萧红等众多文化名人先后定居青岛。

青岛滨海步行道也叫“滨海木栈道”，串联着团岛湾、青岛湾、汇泉湾、太平湾、浮山湾、石老人湾。青岛的时尚气息皈依于海洋文化的野性、率性、肆意、张扬和大气。栈桥、海水浴场、海军博物馆、极地海洋世界、海底世界充满海趣，动之浩瀚、静之恬美。帆船帆板、水上滑翔机、水上自行车、沙滩排球动感十足，魅力无限。

4.4.2 和谐、雅致、宏大、愉悦之美

1984年，青岛市成为全国14个沿海开放城市之一，成立了青岛经济技术开发区。1986年，青岛市成为计划单列市；1992年，设立国家级青岛高新技术产业开发区和青岛保税区。1994年，青岛市区划调整为七区五市。2003年后，相继设立国家级青岛出口加工区、国家级青岛保税物流园区、国家级青岛西海岸出口加工区、国家级青岛保

税物流港区。

青岛市大力发展总部经济、研发中心、品牌经济、会展经济、信息服务业、商贸流通及各种生产性服务业。青岛市在机车车辆、造船海工、电子家电、石油化工、汽车制造、机械、橡胶、钢铁、食品酒水、轻工方面形成传统工业优势；在海洋产业、生物医药、直升机制造、新能源、新材料、动漫创意、软件等方面也已具有规模。

20 世纪 90 年代开发的青岛新区已经成为青岛的政治、经济、金融和文化中心。昔日的陋屋旧居已经被环境幽雅的居民小区和鳞次栉比的高楼大厦所取代。青岛秉承的“打造优美环境，构建宜人之居”的理念，在城市规划、生态环境、居民住宅等方面得到全面体现，造就了经济与社会协调发展、人与自然和谐共处、城市个性突出、山海优美、环境整洁、功能完善、生活舒适的人居环境。青岛冬无严寒，夏无酷暑，是著名的游览、避暑、疗养胜地。近几年，青岛建设了一批现代化摩天大楼：青岛中心、万邦国际航运中心、东海路 9 号、远雄大厦、财富中心、百盛大厦绿城深蓝广场、777 大厦等。

围绕建设宜居幸福的现代化国际城市的目标，青岛完成了城市总体规划修编和新一轮行政区划调整，高起点推进全域规划建设；打造美丽中国标杆城市，使青岛展现出人与自然的和谐之美、城市建设的雅致之美、城乡一体的宏大之美、宜居幸福的愉悦之美。

胶州湾跨海大桥将“青岛—红岛—黄岛”三岛有机地联系在一起，青岛推进三城联动、轴带展开。加快推进中山路、啤酒文化休闲商务区、欢乐滨海城、交通商务区、世园生态都市新区等重点片区建设，开工建设环胶州湾沿岸绿道慢行系统，完善三城互联交通体系，编制主城区地下空间资源利用规划。

为加强城市风貌和文化遗产保护，编制了青岛历史建筑群和即墨故城遗址保护规划；加快国家水下文化遗产保护青岛基地建设，建设青岛山炮台一战遗址公园。加快形成生态间隔标准制度体系和生态投入长效机制，打造城区之间、组团之间、产业功能区之间的生态间隔带。高质量完成世园会园区建设，统筹做好各项试运营管理工作，创建国家生态旅游示范区。

青岛文化广场

正在实施的青岛市“十二五”规划，依据“环湾保护、拥湾发展”

青岛宜居小区

战略，打造创新青岛、文化青岛、和谐青岛、开放青岛、宜居青岛。

完善城市功能设计，中心城区成为全市行政、文化、现代服务业和高端制造业中心。适时推进即墨、胶州、胶南纳入中心城区，扩大中心城区规模，打造环湾型城市框架。重视保护和利用好老街区和老建筑，加快特色街区建设；突出建筑文化特色，传承历史文脉，整体提升城市品位。重点发展崂山、黄岛、城阳，加快高新技术产业、现代服务业、临港产业、临空经济的发展，带动农村城镇化进程。

以高新区胶州湾北部园区为核心，加快红岛组团建设，推进与城阳、胶州等周边区域统筹发展。集聚创新资源，建设城市创新中心和科技商务中心，成为全市战略性新兴产业高地。初步建成经济高速增长、生态环境优良、社会事业发达的第三代生态科技新城。

加快五市城区、重点组团和重点中心镇建设，鼓励人口向五市城区集中。以中心城区为依托，以五市城区、重点组团和重点中心镇为重点，加快形成大中小城市协调发展的城市群。

生态建设布局，围绕建设宜居城市，实施“十绿工程”，推进各类生态功能区建设和保护，加强城市园林绿化，形成以环胶州湾区域为核心，以东部崂山、北部大泽山、南部大小珠山生态控制区为生态屏障，以沿海基干林带、沿河绿化带、沿路绿化带为生态廊道，以海岛、湿地、自然保护区、水库涵养区、风景名胜区等为补充的多层次、多功能、网络化全市域生态体系，构建“一核、三区、三廊、多点”的生态网架。

青岛海洋研究基地

4.4.3 海洋经济，蓝色梦想

港口对青岛这座城市的发展具有特别的分量，1994 年，青岛“战略东迁”，主城区扩展到了崂山脚下，城市空间基本饱和；2000 年，业务快速扩张的青岛港将主体从老城区迁往西海岸的前湾港，经过十几年的发展，前湾港已经寸土寸金。于是，具有天然良港优势的董家口进入发展视野，建成后的董家口港年吞吐量将与目前青岛港吞吐量相当，而港区面积相当于前者的 3 倍多。

蓝色梦想：面向西海岸

2011 年国务院批准山东半岛蓝色经济区规划，青岛是山东半岛蓝色经济区的龙头和核心区。青岛市“十二五”期间全面落实山东半岛蓝色经济区发展规划，优化构筑“一带、五区、多支撑点”的蓝色经济区建设发展总体格局，培育形成以环胶州湾区域为中心、以胶州湾东西两翼为新增长极的蓝色经济聚集带。推动董家口港口及临港产业区、胶州湾西海岸经济区、高新区胶州湾北部园区、胶州湾东海岸现代服务业区、鳌山海洋科技创新及产业发展示范区五个功能带动区建设，成为带动全市蓝色经济区建设的强大引擎。建设一批现代渔业、滨海商务旅游度假、港口物流、现代装备制造、海岛保护与可持续利用、海洋资源综合利用与能源开发、科普教育等各具特色的聚集区，推动产业集中布局、集约发展，形成蓝色经济区建设的多点支撑。[23]

以再造一个青岛港、再造一个青岛主城区、再造一个青岛市的经济总量为目标，西海岸经济新区规划蓝图是“一核双港、九湾六区”。“一核”是西海岸经济新区的核心区，包括保税港区、开发区、胶南主城区、西海岸出口加工区；“双港”即青岛前湾港和董家口港；“九湾”，即从前湾港到董家口港绵长海岸线上分布的 9 个海湾；“六区”

包括保税功能拓展区、国际经济合作区、董家口经济区、国际旅游度假区、古镇口服务保障区等经济功能区，绵延西海岸自北向南的广阔区域。[24]

全力打造高端海洋产业集聚区，做强海洋装备制造业、电子信息产业、海洋高端石油化工产业、航空产业、海洋新兴产业五大临港先进制造业；大力发展海洋运输物流业、海洋文化旅游业、涉海金融服务业三大海洋服务业；发展现代海洋渔业。西海岸海洋生物产业园区将成为全球海港加工业科技含量最高、加工产出附加值最高的海洋生物产业基地。这片蓝色港湾已经聚集了包括北船重工、武船重工、中海油海洋工程、中石油海洋工程船舶制造与海洋工程企业，以及各类海洋重工配套企业100余家。被评为国家级新型工业化船舶制造产业示范基地和国际船舶出口基地。

西海岸中心区的青岛信息谷正在将第三代科技园区的发展模式变成现实。光谷科技园作为一个新的平台，将推动青岛服务外包产业快速发展。蓝色硅谷30平方公里核心区启动，山东大学青岛校区、海洋科学与技术国家实验室、国家深海基地等创新平台建设加快推进。2012年新启动老城区12户工业企业搬迁，启动主城区危旧房改造22个片区。

西海岸有190平方公里的国际经济合作区，园区内已经开工建设10平方公里的中德生态园。园区内的8个组团在10分钟内，以走路、骑自行车方式，都可以从一个点到达另一个点。8个组团都有自己独立的能源中心，实现冷、热、电三联动；700万平方米的建筑全部实现绿色建筑。商务部批复了西海岸经济新区《关于设立中日韩国际合作创新产业园的报告》。不久，毗邻中德生态园的中日创新产业园、中韩创新产业园也将蓬勃兴起。中德生态园制定的生态标准推广绿色建筑，积极发展低碳产业的系列措施，将为推动中日韩区域经济合作提供借鉴。

海洋文化在世界各种文化当中，是一种具有探索创新精神的文化。青岛以齐鲁文化作根基，吸纳海洋文化做“蓝色海岸线”，建设蓝色经济区，会在中国当代经济社会生态环境发展中体现出自己的优势和特色，在未来城市建构中展现出文脉的传承和文化的魅力。

参考文献

[1] 天津基本情况．天津城市在线，www.tj.ccoo.cn，2014-02-13.

[2] 天津别样风情．图游记，www.tuyouji.com，2012-01-05.

[3] 胡跃平，陈杰，朱虹，靳博．天津：构筑改革开放新高地 [N]. 人民日报，2012-08-01.

[4] 中华人民共和国商务部 . 新加坡与中国第三大城市天津市签订协议 . 人民网，2012-09-15.

[5] “十大战役”推动经济社会协调发展，“十大改革”探索新时期改革新路 [N]. 人民日报，2012-08-01.

[6] 沈阳，360 百科，www.baike.so.com，2010-09-27.

[7] 沈阳市城市总体规划（2011 ~ 2020）. 百度文库，2012-06-27.

[8] 胡英，姜涛 . 旧工业建筑的保护和改造性再利用：沈阳重工机械厂矿山设备车间再生模式 [J]. 工业建筑，2010，6.

[9] （英）柯林・罗，弗瑞德・科特 . 拼贴城市 [M]. 童明译 . 北京：中国建筑工业出版社，2003 年 .

[10] 陈伯超 . 沈阳铁西工业区及其改造的现状与前景 [J]. 城市环境设计，2007，5.

[11] 俞孔坚 . 一部泪水锈蚀的历史：锈迹——寻访中国工业遗产 . 百度文库，www.wenku.baidu.com，2011-08-13.

[12] 王春清 . 大连 . 百度百科，baike.baidu.com，2012-02-28.

[13] 萨哈洛夫 . 从俄国工程师到大连首任市长 . 中国档案资讯网，2013-11-29.

[14] 刘振英，浪漫之都大连入选特色魅力城市 200 强的三特色 . 中国广播网，www.sina.net，2007-09-05.

[15] 大连市旅游业发展“十一五”规划 . 大连市人民政府信息网，2005-10-21.

[16] 商欣 . 大连百年老街近半被拆，街上小楼世出无双 [N]. 人民日报，2011-01-04.

[17] 大连 . 百科，dalian.baike.com，2014-03-20.

[18] 青岛旅游攻略 . 图游记，2012-09-21.

[19] 青岛概况 . 青岛政务网，2012-09-13.

[20] 青岛啤酒街 .360 百科，baike.so.com，2013-12-10.

[21] 孙静芳，付宪春 . 中山路改造复兴老字号　划分五大特色功能区域 [N]. 青岛早报，2013-01-10.

[22] 城雕专家赞青岛精神：山海之间，文化多元，气象庞大 . 青岛频道 _ 凤凰网，qd.ifeng.com，2013-09-14.

[23] 刘倩文 . 青岛：跨海发展成就蓝色梦想：青岛市全力打造西海岸经济新区纪实 . 人民网，2012-08-08.

[24] 曹亮 . 西海岸经济区：建“一心五区”，5 年再造一个新青岛 . 人民网，2012-05-18.

第 5 章

丝绸路上的重镇

丝绸之路起始于古都长安，跨越陇山山脉，穿过河西走廊，通过玉门关和阳关，抵达新疆，沿绿洲和帕米尔高原通过中亚、西亚和北非，最终抵达非洲和欧洲。它是一条东方与西方之间经济、政治、文化交流的主要道路。它的最初作用是运输中国古代出产的丝绸到西方。丝绸之路在海运替代陆运后逐渐没落，而随着陆运的重新兴起，无疑会再次闪耀光芒。2013 年国家主席习近平出访中亚，提出共同建设“丝绸之路经济带”。从中国开始，沿着丝绸之路途经的国家以及两侧附近的国家，从亚洲一直到欧洲，构建一个经济发展走廊。这正符合欧亚大陆经济整合的大方向，将惠及将近世界一半的人口。[1] 中原文化、绿洲文化、西亚文化、印度文化伴随丝路花雨，给沿线城市建构提供了丰富多彩的精神食粮，丝绸之路经济带的建设必将谱写新时代华美的篇章。本章解析丝绸之路重镇名城西安市、兰州市、乌鲁木齐市和喀什市。

5.1 西安市

5.1.1 梦里长安、华夏故都、山水之城

西安，古称长安、京兆，是中华文明的重要发祥地，古丝绸之路的起点。有 3100 多年的建城史和 1100 多年的建都史。历史上最为强盛的“周、秦、汉、隋、唐”等 13 个朝代均建都于此。

刘邦建立西汉王朝，定都关中，立名“长安”，意为“长治久安”。西汉时期的长安城是全国的政治、经济和文化中心，也是中国历史上第一座规模庞大、居民众多的城市。汉长安是在秦咸阳遗址基础上建立起来的，汉朝宫阙在今西安市汉城国家大遗址保护区内。隋文帝在汉长安城东南选择新址，建造大兴城。唐定都长安后，改大兴城为长安城，在原外廓城东北龙首原上营建大明宫；之后不断修建城墙、城楼、兴庆宫等建筑。其宫城与今西安市重合，皇城与今西安市明城墙重合。长安城布局规划整齐，东西严格对称，分宫城、皇城和外廓城三大部分。城市结构布局充分体现了封建社会巅峰时期一统皇权、君临天下的宏大气魄，在中国建筑史、城市史上具有划时代的深远影响。

西安的名称源于明代，新修的城垣将唐皇城城墙包入新墙之内；北、东两面向外约扩展了四分之一。扩大后的西安城分别修建鼓楼、钟楼；以钟楼为中心辐射出四条大街，使城市有了明显的中轴线，形成了今天西安的格局。清代西安在城东北修建一座满族驻防城，在城东南修建了汉军驻防城，增加了钟楼西南的总督布院署等。民国时期，原满城开辟为新市区，开通东西南北四条新街，沟通了新市区和老城区内主要大街的联系。后来在北新街一带陆续盖起了“一德庄”、“四皓庄”、“六谷庄”，以及“七贤庄”等新村，成为西安新的住宅区。陇海铁路通车至

西安古城风貌

西安后，新市区的东半部发展成为当时的西安工业区。[2]

西安明城墙

西安市有深厚的历史文化积淀和浩瀚的文物古迹遗存，秦始皇兵马俑坑被誉为“世界第八大奇迹”，秦始皇陵是最早列入世界遗产名录的中国遗迹。西安城墙作为世界上现存最完整、规模最大的古代军事城堡设施，是明朝洪武年间在唐代皇城城墙的基础上建造起来的。2004 年西安古城墙火车站段连通，古城墙连成一体。西安碑林博物馆可以追述 900 多年历史，并利用西安孔庙古建筑群扩建形成了现在的艺术博物馆。

西安钟楼

西安把旅游业定位为支柱产业，精心营造曲江影视、长安古乐、宫廷餐饮、户县农民画、秦腔、城隍信仰、民俗文化、祖庭文化等文化品牌；发挥唐诗、老子文化、丝绸之路、重大历史事件等文化资源的重要作用。旅游业重点发展文物观光、文化体验、生态旅游、都市旅游、祖庭朝拜、温泉度假、修学旅行、航空航天工业旅游等产品，总体形成曲江新区、皇城区、临潼、秦岭等多点布局。[3]

曲江新区建设和完善以盛唐文化为特色的文化产业核心区；皇城区，稳步恢复历史文化古城风貌，形成历史文化氛围浓厚的文化产业聚集区。临潼区以秦兵马俑、秦始皇陵、唐华清池等世界著名历史文化古迹为主体，加快形成旅游观光产品与休闲度假产品互补的大旅游文化产业格局。随着曲江大唐芙蓉园等六大遗址公园相继开放，大明宫国家遗址公园、楼观道文化展示区、汉城湖景区、西安世博园等一批特大型旅游项目的投资兴建，尽显古老西安特有的神韵风姿。

唐代著名高僧玄奘法师译经之地大雁塔，被网友评为情侣约会“天堂”，大雁塔南北广场古老而又时尚，音乐喷泉、美食餐馆平添大雁塔夜色的魅力。钟鼓楼广场是美丽的历史古迹，更是一个时尚商圈和美食圣地。登上钟楼，击钟祈福；闲逛商厦，品味时尚；移步回民街，品尝本地美食。走在唐风古韵的西大街，商铺林立，飞檐斗拱、雕梁画栋，千年古都的大气磅礴呼之欲出；漫步悠长绵延的顺城巷，青灰色的城墙巍峨雄伟，古香古色的宅院个个幽静恬淡。[4]

西安把城市的规划、建设与秦岭的利用、八水的恢复治理结合起来，充分展示“山水秦岭、人文西安”的独特魅力。以南部秦岭山地生态环境建设保护区、渭河流域湿地生态环境建设保护区为主体，以山、林、塬为骨架，以风景名胜区、遗址保护区、自然保护区为重点，以主要河流、交通廊道沿线绿色通道为脉络，形成城乡一体的生态体系。逐步形成长安大道、子午大道和环山路景观长廊。

5.1.2 关中－天水经济区、西咸新区，构筑大西安现代产业布局体系

今天的西安是亚洲知识技术创新中心，新欧亚大陆桥中国段和黄河流域最大的中心城市，是国家实施西部大开发战略的桥头堡，具有承东启西、连接南北的重要战略地位。西安是发展迅速、产业兴旺的城市。目前已建成了以机械设备、交通运输、电子信息、航空航天、生物医药、食品饮料、石油化工为主，门类齐全的工业体系，培育了高新技术产业、装备制造业、旅游产业、现代服务业、文化产业五大主导产业，形成了高新技术产业开发区、经济技术开发区、曲江新区、浐灞生态区、阎良国家航空高新技术产业基地、西安国家民用航天产业基地、国际港务区、沣渭新区八大发展平台。高新区已被国务院确定为六个创建世界一流科技园区的开发区之一，经开区全力打造泾渭工业园千亿元制造业基地；曲江新区是两个国家级文化产业示范区之一。2011年国务院《全国主体功能区规划》将西安确定为全国历史文化基地，着力打造西安为国际化大都市。

西安会展中心

西安实施的《浐灞生态区“十一五”规划》，从计划经济时期布点形成的第一代工矿新城模式和改革开放以来招商引资形成的第二代开发区新城模式走出来，力图摆脱中国当今“中心城区安居不能乐业”和“开发区乐业不能安居”这种城市发展模式的怪圈，创建第三代城市新模式。从“企业新城”、“产业新城”走到“人文新城”，实现经济为中心走向以人为中心的根本转变。

以流域治理带动区域发展，形成“浐灞穿长安”的盛景，实现“清凉水世界、锦绣绿文章”的梦想。[5]

关中 - 天水经济区作为全国主体功能区中的重点开发区域，《关中 - 天水经济区发展规划》的核心理念是“建设大西安，带动大关中，引领大西北”，把西安的发展提升到国家战略层面。西安坚持大集团引领、大项目支撑、集群化推进、园区化承载战略，加快构建以旅游产业、文化产业、战略性新兴产业、先进制造业和现代服务业为主体的具有西安特色的现代产业体系。西咸新区承担了“大西安”建设以及带动关中城市群、引领西北地区的历史使命。西咸新区是“十二五”新的经济增长点，是“十三五”发展的重要基础。陕西一直希望西咸新区形成与上海浦东、天津滨海、重庆两江东西南北呼应的格局，进而打造“大西安”。西咸新区的探索将集中于两个主题词，一个是以现代田园城市替代“摊大饼”式的无边界城市格局；另一个是以社会建设引领城市建设，把城镇化作为社会进步的一部分。[6]

西安重点推进渭北工业区建设、汉长安城遗址保护、秦岭北麓生态环境建设、“八水润西安”工程和公路交通枢纽建设五项重点工作，努力实现新起点上的新跨越。依托泾渭新城、西安渭北（临潼）现代工业新城等重点产业园区，引导全市制造业向渭北产业聚集区集中，使之成为承载全市工业发展最重要的核心区。渭北工业区建设着力抓好西安兵器产业基地、中航工业园、中航重机产业园等重点产业园区发展，围绕各组团主导产业定位，加速形成产业聚集。加强产业技术创新联盟和公共科技服务平台建设，深化科技与金融结合试点，支持高新区、沣东新城联合建设国家级统筹科技资源改革示范区。战略性新兴产业布局，形成以高新区、经开区、航天基地、航空基地、沣渭新区为核心，向外扩散的发展布局。高新区重点发展新一代信息技术、生物、新能源等产业；经开区重点发展节能、新材料等产业；航天基地发展航天和大功率半导体照明等产业；阎良国家航空高技术产业基地发展航空产业；沣渭新区发展生物、节能环保产业。

5.1.3　构建特色鲜明的都市框架，提升城市综合服务功能

西安地处中国陆地版图中心和我国中西部两大经济区域的结合部，是西北通往西南、中原、华东和华北的门户和交通枢纽。西安北濒黄河水系最大的支流渭河，南依被称为中国国家公园的秦岭。

西安城市总体规划（2008 ~ 2020 年）按照西安是陕西省省会，国家重要的科研、教育和工业基地，国家历史文化名城的城市功能定位，坚持保护优先、开发有序的原则，将逐步建设成为具有历史文化特色的国际旅游城市、科技创新城市、生态宜居城市、

交通枢纽城市、中国西部经济中心。在西安市域范围内构建以主城区为核心，以陇海线为城镇经济发展轴，以关中环线为纽带的城镇经济发展集群带。主城区优化布局结构，凸显“九宫格局、棋盘路网、轴线突出”的布局特色，“老（明）城”以人文旅游、文化服务、商业零售业为主；西南方向重点发展高新技术产业；东北和东南方向重点发展文化、旅游、物流等产业；北部方向重点发展出口加工、现代制造业。

西安修订第四轮城市总体规划，坚持集约、智能、绿色、低碳的新型城镇化理念，完善主城区服务功能，培育和建设三个副中心城市、五个城市组团和一批重点小城镇，形成布局合理、功能完备、适宜人居、特色明显的发展格局，塑造现代时尚与历史人文相融合的古都新风貌。形成山水同构、组团发展，具有历史人文特色的国际化大都市体系结构。主城区规划格局，逐步形成“北跨渭河，南至潏河，西连咸阳，东接临潼，拓展城市空间”的格局。

西安正在修改完善《西安唐皇城复兴规划》，核心是要复兴传统城市格局、传统建筑美学、优秀城市文化。在老城内形成“一环（城墙），三片（北院门、三学街、七贤庄历史文化街区），三街（湘子庙街、德福巷、竹笆市）和传统民居、近现代优秀建筑等组成的保护体系”。编制了顺城巷改造详细规划，编制了北大街、西大街规划设计、钟楼周边地区环境改造规划；增强了两轴的交通能力，提高了城市空间环境的品质；完成了三学街明清建筑群保护规划、回民区四个院落保护改造规划、火车站城墙规划以及昆明湖遗址保护研究等。

2007 年，来自世界各国的 60 余名国际建筑大师评价西安古城，认为西安不仅城墙外发展快，城墙圈内的变化也让人称奇。西大街的变化既保留了古建筑的典雅，又不失现代韵味，十分贴合西安的“主题”：唐风与现代建筑相融合。将如此多的历史遗迹完美地保留到西安，使其成为一个亦古亦今，既典雅又时尚的城市，是将“古”与“今”融合得最完美的城市。吴良镛先生对西安规划寄予厚望：“长安寻梦，愿西安模式能在探索中成为现实！”西安以历史文脉为主线，走自己的特色之路，编制完成了《西安城市建设文化体系规划》和《西安城市雕塑体系规划》。通过城市历史记忆的恢复和延续，走出一条真正符合自身的发展之路，让西安古城历史文化的魅力在现实中得以发扬光大。[6]

《关于可持续城市化的研究：城市与形态》专门研究了传统的中国分形城市和长安的分形结构。作者认为作为唐朝首都的长安，为中国其他许多古城的布局提供了模型，影响了日本某些古都的结构和布局。长安城的空间布局受其地理位置和传统礼制所限，规模宏大有序，极具帝王象征。对于古代中国人而言，最理想的都城应该位于天地中央，帝王身居这个建筑群的中心位置，被视为沟通天地的媒介。根据这样的宇宙结构学，君王象征性地成为整个宇宙的轴心，同样也是帝国的轴心。都城则是神权的实体过渡点，

古都西安盛唐气象

西安古都夜色

神的旨意正是通过这一点降临俗世并由此向整个王国的四方流布。长安城按照阴阳交替、层级分明的分形结构模式建造，使宏大的城市整体具有连贯性，而各基本设施最微小的构成部分则保证城市内部复杂性和多样性能够在无尽的变更中不断增长。[8]

5.1.4　再创丝绸之路新的辉煌，建设和完善亚欧大陆桥

从 2005 年开始，我国和中亚五国在世界遗产中心和国际古迹遗址理事会等国际组织的指导下，开始筹划将丝绸之路中亚段线性遗产“打包”申遗。2006 年联合国教科文组织世界遗产中心和国家文物局联合召开了“丝绸之路申报世界文化遗产国际协商会议”，来自中国、哈萨克斯坦、吉尔吉斯斯坦、塔吉克斯坦、乌兹别克斯坦等丝绸之路沿线国家代表达成共识：要在未来三四年间，做好丝绸之路沿线文化遗产的本体保护、环境整治、宣传展示工作，共同编制申报文本；2007 年在乌鲁木齐举行的丝绸之路跨国联合申遗工作会议，确定了我国 6 个省区、48 处文物点进入丝绸之路申报世界文化遗产预备名单。西安作为丝绸之路起点城市，共有 6 处 14 个文物点名列其中。随后，来自 10 多个国家和国际组织的 200 多名代表在西安聚集一堂，探讨丝绸之路联合申报世界文化遗产的理念、方法和原则，以推动我国同中亚五国联合申报世界文化遗产的进程。[9]

2012 年西安举办了以“世代友好，共创繁荣”为主题的“2012 丝绸之路城市市长会晤”，签署了《2012“丝绸之路”城市市长会晤宣言》、《2012“丝绸之路”城市市长会晤与会城市发展友好交流与合作协议书》和《“丝绸之路”国际旅游合作行动纲要》等文件，成立了丝绸之路国际旅游合作联盟。[10]

2013 年 10 月 15 日国家主席习近平在人民大会堂会见哈萨克斯坦议会下院议长尼格马图林时说，丝绸之路是中、哈及沿线各国共同拥有的历史遗产，弥足珍贵。建设

大雁塔广场上的唐玄奘

新法门寺

轩辕庙

“丝绸之路经济带”符合中哈的根本利益。希望双方抓住历史机遇，全面加强两国之间政治沟通、道路联通、贸易联通、货币流通和民心相通这“五通”，发挥中哈合作对丝绸之路途经地区区域合作的示范和带头作用,带动更多国家积极参与“丝绸之路经济带”建设。

丝绸之路的申遗和建设丝绸之路经济带，极大地提高了丝绸之路起点城市西安在全世界的城市地位和影响力。西安建设和完善亚欧大陆桥，强化与东中部地区和周边国家的交通联系，将西安打造成内陆地区开放型经济的战略高地。依托综合保税区，完善出口加工区功能，推动大通关、大物流和大外贸平台建设。加快打造中国服务外包研发设计中心和人才培养高地建设，扩大软件和集成电路设计、创意产业等离岸服务外包业务发展。加强与丝绸之路沿线城市的合作交流，促进区域协同发展。完善城市涉外综合服务功能，着力抓好西安国际学校、高新国际学校扩建工作，加快建设高新南山国际社区。全力办好欧亚经济论坛和中国国际通用航空大会等国际性会议，进一步扩大西安的国际影响力。2014 年 6 月 22 日第 38 届世遗大会宣布，中哈吉三国联合申报的丝绸之路“长安 - 天山廊道道路网”申遗成功。祝愿西安借此走向新的辉煌。

在西安的改造和建设中，张锦秋院士大力倡导实践的新唐风建筑风格，从形似、神似到意似，走出一条乡土建筑现代化之路。但是大批修建钢骨水泥、肥梁胖柱大屋顶仿古建筑，作为大手笔恢复大唐古都、咸阳故里盛大气势的实物支撑，反而有造赝品、做假古董之嫌。全无抬梁、穿斗、插梁架构的灵动，飞檐斗拱的飘逸，组群围合虚实空间的神韵，后来扩建的轩辕黄帝陵、法门寺等建筑，功能之单一，体量之大、占地之广，耗资之巨，恐怕早已背离可持续发展理念。韩愈尚且敢于冒死劝君不迎佛舍利进京，当代人民公仆更应珍惜民心民意民资民力，在城市现代化建构中坚持以人为本、执政为民的理念。

5.2　兰州市

5.2.1　金城汤池、丝路重镇、黄河文化名城

兰州是古丝绸之路上的重镇。西汉设立县治，取“金城汤池”之意而称金城。隋初改置兰州总管府，始称兰州。自汉至唐、宋时期，随着丝绸之路的开通和繁荣，出现了丝绸西去、天马东来的盛况；兰州逐渐成为丝绸之路重要的交通要道和商埠重镇、

兰州黄河母亲雕塑

联系西域少数民族的重要都会和纽带，在沟通和促进中西经济文化交流中发挥了重要作用。古丝绸之路在这里留下了众多名胜古迹和灿烂文化，使兰州成为横跨2000公里，连接敦煌莫高窟、天水麦积山、张掖大佛寺、永靖炳灵寺、夏河拉卜楞寺等著名景点的丝绸路上旅游中心。20世纪五六十年代，国家把沿海工业基地的一批大厂迁入兰州，使这里成为西部重化工业城市。随着新欧亚大陆桥的开通特别是西部大开发战略的实施，重新构筑起现代丝绸之路，兰州作为我国东西合作交流和通往中亚、西亚、中东、欧洲的重要通道，战略地位更加突出。[11]

《兰州市城市总体规划（2011 ~ 2020年）》确定城市主要功能是：国家向西开放的战略通道和内联外引的综合性交通与通信枢纽，国家重要石油化工、能源储备基地和转运枢纽，国家重要的装备制造业和有色冶金产业基地，国家重要的基础科学研究和新材料、新能源、生物医药、航天技术等研发生产基地，西部地区重要的现代商贸物流中心和旅游服务中心。发展目标设定为，力争把兰州建设成为国家向西开放的战略平台、西部区域发展的重要引擎、西北地区的科学发展示范区、历史悠久的黄河文化名城。

兰州市紧紧瞄准战略新兴产业、特色优势产业、富民多元产业、区域首位产业，着力推进绿色发展、循环发展、低碳发展，不断发展壮大多元支柱产业。把拓展城市发展空间作为突破口来抓，实施“北拓东进”战略，用中川轻轨打通兰州市区和中川的通道，形成东面为物流基地，北面为产业基地的格局。推动兰州新区承载产业基地，促进中心城区集聚中心职能。推动大型产业基地（尤其是西固重化工业）跳出现有城区，在兰州新区寻找新的发展空间；中心城区通过西固重化工业置换、加快高新技术开发区增容扩区获得发展空间，实现区域中心职能的有序聚集。

市域城镇空间布局，形成“一主两副五带”的空间发展格局。一主：兰州市区，区域性综合服务中心；两副：兰州新区和白银市区，兰州新区作为兰州市发展战略中的核心地区；白银市区是区域性传统产业服务中心、能源和有色冶金产业基地。五带：是战略核心区向外辐射的主要轴带，实现“中心带动”战略的主要空间载体。新版规划以五城六片区为重点，打造独具特色的山水城市。五城指城关旧城区、安宁新城、西固石化城、秦王川卫星城、榆中东城区。六片区指以有色冶金深加工和煤电发展的连海片、以文化教育高新技术产业和休闲旅游为主的榆中片、以空港循环产业园区的先进装备制造业和新能源为重点的秦王川片、以现代物流为重点的沙中片、以生态建设土地利用为主的皋兰片和永登片。

规划建设沿黄河的滨河绿化带与南北两山生态绿化带；沟通南北两山的五条生态绿化廊道；沿河道和主要城市道路设置不同宽度的绿化带，形成贯穿城市组团的多条绿轴。通过对城市功能性景观结构与自然环境景观系统的梳理，在保护城市空间景观整体风貌特征的同时，实现城市山水景观特色的整体延续。通过强化重点地区的景观特质，增强城市空间的可识别性，塑造多样化和富有活力的城市空间。突出以黄河风情线为中心的黄河文化景观长廊，加强黄河文化与城市景观的结合，塑造具有丰富文化底蕴、景观特色突出的黄河文化名城。

目前正在围绕做好新区，做大产业，打造富有活力的增长极；做美城市，做实民生，充分发挥以黄河文化为代表的资源优势，加快兰州都市圈文化产业区建设；加快形成老城和新区两轮驱动的城镇化体系。推进老城区改造提升，拓展老城区发展空间，全力加快东部科技新城建设，打造城市空间拓展区、创新要素聚集区、高新技术示范区；全面推进国家级低丘缓坡沟壑等未利用地综合开发试验区建设。

5.2.2　举全市之力推进兰州新区建设

兰州高新技术产业开发区是国务院 1991 年批准的首批 27 家国家高新技术产业开发区之一。按照“发展高科技、实现产业化”的建区宗旨，强化“一区多园”的发展格局，先后建成了软件园、留学人员创业园、大学科技园等专业园区，陆续挂牌国家高新技术创业服务中心、国家级新材料产业基地、国家火炬计划软件产业基地、兰州大学国家大学科技园。兰州经济技术开发区创建于 1993 年，2002 年升格为国家级经济技术开发区，是以国际标准建设、按国际惯例管理的经济技术开发区。区内高校科研单位密集，产业体系初步形成医药产业集群、食品饮品产业集群、总部经济聚集区、现代商贸服务业。

长期以来，有限的城市空间严重制约了兰州市经济社会的发展。根据《兰州市十二五规划纲要》，建设兰州新区是兰州市拓展城市发展空间，实施“再造兰州战略”的一个重要途径。《纲要》提出：重点进行兰州新区建设，与主城区实现两轮驱动、互动发展。高新技术产业开发区、经济技术开发区实施梯次有序开发，共同形成复合型中心城市。

中国从 1992 年以来，相继设立了上海浦东新区、天津滨海新区、重庆两江新区和浙江舟山新区等国家级开发区。2012 年《国务院关于同意设立兰州新区的批复》，明确兰州新区作为中国西北部首个国家级开发区，是中国深入实施西部大开发的重要举措。战略定位为西北地区重要的经济增长极、国家重要的产业基地，向西开放的重要战略平台以及承接产业转移示范区。兰州新区地处兰州、西宁、银川三个省会城市共生带的中间位置，是国家规划建设的综合交通枢纽，也是甘肃与国内、国际交流的重要窗口。新区区位优势明显，座中四联，承东启西，连接南北，是西陇海兰新经济带的重要节点。兰州市按照建设全国一流新区的要求，通过 5 ~ 10年乃至更长时间的努力，

兰州街区景象

把兰州新区建设成全国主体功能区中的重要开发区、全省“中心带动”的核心区、新一轮西部大开发的重要经济增长极、向中亚西亚开放的战略平台及发展战略性新兴产业、高新技术产业和循环经济的集聚区、承接东部地区产业转移的先导区、“两型”社会和城乡统筹发展的示范区、综合配套改革和未利用土地开发的试验区。[12]

兰州新区已经成为兰州市转型跨越发展的主战场，呈现出明显的集聚效应和强劲的发展势头。初步形成错位互补、多极突破、竞相发展的格局。围绕石油化工、装备制造、高新技术、现代物流、现代农业和职业教育六大片区建设，大力推进产城融合，加快产业向新区集聚发展。强力实施市区工业企业出城入园，确保兰电、兰石等企业搬迁改造取得实质性进展。

调整高新区、经济区空间布局规划，引导城市功能向新区拓展完善，将高新区和经济区开发建设重点向新区倾斜，使之与兰州新区产业发展规划衔接融合，推动“三区”融合发展。打造功能强大的投融资平台，打造政策洼地和服务高地。培育战略新兴产业，发展特色优势产业，壮大多元富民产业，提升区域首位产业，着力培育新的经济增长点。[13]

5.2.3 西部黄河之都的文化遗产保护和文化兰州建设

兰州是一个东西向延伸的狭长形城市，夹于南北两山之间，黄河在市北的九州山脚下穿城而过。市区南北群山对峙，城市依山傍水、层峦叠嶂，具有西北边关的浑壮雄阔。历史和大自然为兰州留下了许多名胜古迹。

20 多年前兰州城西的西固工业城、城东的雁滩乡和青白石乡两岸，是瓜果飘香、蔬菜旺绿的田园；城中心的七里河区和城关区两岸也不乏篱笆圈起的果园、菜园。现在沿黄河南岸，市政府开通了一条东西 50 公里的滨河路，规划了百里黄河风情线，2000 年开始动工建设。不到 8 年时间，黄河两岸相继建成观光长廊、“生命之源”水景雕塑、寓言城雕、黄河母亲雕塑、绿色希望雕塑、西游记雕塑、平沙落雁雕塑、近水广场、亲水平台、东湖音乐喷泉、黄河音乐喷泉、人与自然广场，以及龙源园、体育公园、春园、秋园、夏园、冬园、绿色公园和其他沿河景观。兰州为创建“全国优秀旅游城市”，准备把“两山、两线、两园”都纳入到黄河风情线的建设议程。[14]

兰州水车博览园

兰州黄河风情线虽无“黄河之水天上来”之势，却如一幅现代的“清明上河图”，园林式的观光长廊和宽阔笔直的滨河大道铺展开来；沿河两岸还有许多彩色茶棚，停了些趸船。在古老黄河渡口，情侣艇、小轻舟、水上摩托等水上游乐受到青年男女的追捧。百里黄河风情线上，2005年建成的兰州水车博览园，由水车园、水车广场、文化广场三部分组成。兰州水车的创始人段续，本是明嘉靖二年进士，在任曾宦游南方数省，晚年回故里制成了喇叭口水巷、凹形翻槽和巨轮式的黄河水车；一时间黄河水车四起。历经 400 余年，干旱少雨的兰州黄河两岸农田得惠于段续所创制的黄河水车。至 1952 年，252 轮水车林立于黄河两岸，蔚为壮观；兰州因而被誉为“水车之都”，知名于国内外。[15]

兰州黄河水车

黄河母亲雕塑象征了哺育中华民族生生不息、不屈不挠的黄河母亲和快乐幸福、茁壮成长的华夏子孙，反映了甘肃悠远的历史文化。黄河铁桥位于兰州城北的白塔山下、金城关前，有“天下黄河第一桥”之称，是兰州市内标志性建筑之一。

兰州的文化遗产保护，从城市自然风貌、城市格局、城市轴线、景观带和视线通廊、城市轮廓和高度等方面加强城市历史格局的保护。规划确定白塔山历史风貌保护区、九州台历史文化保护区、五泉山历史风貌保护区、金天观传统文化保护区、铁路局历史建筑保护区、民族大学历史建筑保护区、南河新村近代民居保护区、近代工业建筑保护区、石化城工业文明保护区和石化城苏式民居保护区 10 个历史文化街区。突出以五泉山、白塔山、金天观等代表性历史建筑群的保护为重点，加强各级文物的保护与恢复。

文化兰州的建设，打造以龙文化为核心的黄河文化风情带，建设中心城区高层次文化产业发展基地、远郊县区民俗风情展示基地、三区创意文化研发基地，培育一批文化产业园区和核心板块。

5.2.4 扩大区域合作，发挥新亚欧大陆桥节点城市优势

兰州古代是“丝绸之路”上的商埠重镇和著名的“茶马互市”，现代是全国 8 大综合性交通枢纽之一，是大西北铁路、公路、航空的综合交通枢纽和物流中心，已经发展成为西部地区重要的商品集散中心，辐射面达西部 8 省区，拥有近 400 万平方公里和 3 亿多人口。

兰州是西陇海兰新经济带重要支点，是新亚欧大陆桥中国段兰州、徐州、郑州、西安、乌鲁木齐五大中心城市之一，是我国东中部地区联系西部地区的桥梁和纽带，也是西部地区通信枢纽和信息网络中心。陇海、兰新、青兰、包兰四大铁路干线交汇于此，兰州具有“座中连六”的独特位置，交通条件得天独厚；辐射陕、甘、宁、青、新、藏等省区，区域优势明显，经济腹地广阔。

“中国兰州投资贸易洽谈会”是中国西北地区主要的投资贸易洽谈会和专业化的大型展会之一。经过十几年努力，兰洽会的品牌形象已经确立，成为甘肃招商引资的重要载体和对外开放的窗口。2012 年第十八届兰洽会由商务部联合主办，升格为国家级

兰州黄河铁桥

经贸盛会，促进了地区间、行业间、企业间多层次、宽领域、全方位的合作与交流。

兰州正在发挥新亚欧大陆桥节点城市优势，加大向西开放力度，积极争取沿线国际组织、跨国公司设立办事机构。推进与东中部、关中 - 天水、成渝、宁夏、青海、西藏等经济区的交流合作；围绕环兰州城市群建设，加快推进兰白一体化，实施兰州至永靖快速通道、黄河兰州段水运综合开发工程，打造以黄河为轴线，辐射周边地区的一小时经济圈。

5.3　乌鲁木齐市

5.3.1　明月出天山，丝路花雨越千年

乌鲁木齐按照古准噶尔蒙古语，意为优美的牧场；位于天山中段北麓、准噶尔盆地南缘。乌鲁木齐是新疆的首府、中国西部对外开放的重要门户、新欧亚大陆桥中国西段的桥头堡。这是一个多民族聚居的城市，绿洲文化汇聚了源远流长的中原文明、中亚文明、阿拉伯文明、印度文明的精粹，呈现开放、热情、豪爽、奋进的特色。全市人口中，汉族人口占总人口的 75%，各少数民族人口占 25%。世居的少数民族有维吾尔、回、哈萨克、满、锡伯、蒙古、柯尔克孜、塔吉克、塔塔尔、乌孜别克、俄罗斯、达斡尔等。维吾尔族、回族有相对集中居住的区域；特色鲜明的民族风俗、宗教文化、建筑风貌、节日庆典、服饰装束、工艺土产、饮食风味、娱乐习俗等构成了浓郁多姿的民族风情。

作为古丝绸之路新北道上的重镇，乌鲁木齐是中原与西域经济文化的融合处、东西方经济文化的交汇点、西北屯垦戍边的屏障。古人用“明月出天山，苍茫云水间”和“忽如一夜春风来，千树万树梨花开”等诗句来描绘乌鲁木齐市的地理与气候。

二道桥民俗街

西汉初年，汉朝政府置戊己校尉，在乌鲁木齐附近的金满设营屯田，维护丝路北道安全。唐

朝政府曾派军屯垦乌鲁木齐河畔，现乌鲁木齐市东南郊乌拉泊水库南侧的古城遗址，是唐朝政府在天山北麓设置的军事重镇轮台县城。乌鲁木齐的大规模开发始于清代乾隆二十年。清政府鼓励屯垦，减轻粮赋，使这里“繁华富庶，甲于关外”。清军于乾隆二十三年在今南门外修筑一座土城，“周一里五分，高一丈二尺”，是乌鲁木齐城池的雏形，乾隆赐名“迪化”。清光绪十年新疆建省，迪化成为省会。中华人民共和国成立后迪化恢复乌鲁木齐原名。[16]

乌鲁木齐市东望博格达冰峰，南靠喀拉乌成山地，有银装素裹的冰晶雪原风光，是云杉，冷杉原始森林的“海洋”。森林上下缘，绿草如茵；穿过城镇绿洲带，便进入沙漠瀚海。千变万化的垂直自然景观，是高山探险、滑冰滑雪、沙海猎奇、科学考察等活动的极好去处。丝绸之路冰雪风情游、服装服饰节等特色文化节庆会展活动，已成为乌鲁木齐独特的城市名片。[17]

高耸于市中心的红山，是乌鲁木齐市的象征，山岩突兀，气势非凡。山下，乌鲁木齐河纵贯南北。始建于清代乾隆嘉庆年间的陕西大寺，是市内最大的回族清真寺院，可容纳千人礼拜。大殿是中原传统木结构，40 根朱红色大柱支撑梁架，歇山式琉璃瓦顶；后部望月楼是上八下四的重檐八角亭。这种独特的建筑形式清晰地显示了城市包容性发展的轨迹。

乌鲁木齐城市印象

以创建旅游名城为契机，乌鲁木齐坚持旧城改造与新城建设并举，大力推进以改善市容市貌、治理污染为重点的城市综合整治，使城市面貌大为改观。一座具有现代化气息的新型城市展现在人们面前。建成了以中山路商业一条街、人民路金融一条街、二道桥民俗一条街和北京路科技一条街为主要代表的、各具特色的城市功能街区。乌鲁木齐最大的商业中心位于解放路与民主路、中山路相交的大小十字一带，这里集中了各式商场。最具民族特色的商业街在二道桥一带。这里是维吾尔族市民的居住区，有新疆著名的大巴扎，到处是维吾尔族商人开设的店铺、餐馆和清真寺；早在清光绪年间已经成为乌鲁木齐的重要“贸易圈”。现在二道桥商业圈已成为乌鲁木齐、新疆乃至中亚独具民族风情的商业旺区。[18]

民族地区如何在加速新型工业化进程中传承地域文脉，在城市现代化建设进程中彰显城市地域文化特色，应该在推进工业化过程中融入旅游元素，增强工业文明的内涵和美感；在旅游业发展中体现工业文明成果，把工业化的技术、产品、理念注入旅游业，提升旅游业的品质和水平。在推进城镇化进程中植入旅游基因，使城镇建设风格个性化、功能人性化，寻求旅游发展对城市文明的推进。

加快推进首府都市休闲旅游区、南山生态休闲度假旅游区、达坂城文化旅游区建设。借助丝绸之路冰雪风情节，加快建设国家级冰雪运动基地，精心打造“亚心之都”、“丝绸之路”旅游形象品牌，建设立足新疆、面向全国、辐射周边的区域性国际旅游目的地和集散地，把旅游业打造成为重要的支柱产业。

5.3.2　抓住新疆板块发展新机遇，落实天山北坡经济带规划

乌鲁木齐市北有准东油田，西有克拉玛依油田，南有塔里木油田，东有吐哈油田；地下煤炭储量在百亿吨以上，被称为“油海上的煤城”；此外光、热和风能资源也极为丰富，有亚洲最大的风力发电厂。境内天山冰川和永久性积雪，被称为“天然固体水库”；山区有繁茂的天然森林和草场。

乌鲁木齐已形成石化、冶金、纺织、机械、高新技术、建材、制药、食品、家具、服装十大产业集群；石化、冶金等产业已成为第二产业的支柱。这里建成了两个国家级开发区和一个出口加工区，正在建设头屯河工业园、水磨沟创业园和昌吉回族自治州经济一体化框架下的米东工业园区；将使乌鲁木齐成为中国西部最重要的制造业基地之一、面向周边各国的出口加工贸易基地和中亚国际物流港。

根据乌鲁木齐城市总体规划，至 2020 年，乌鲁木齐将打造成为中国西部地区的中心城市和中国面向中西亚地区的国际商贸中心、国际文化交流中心、跨国区域联络中心、国际能源资源合作基地和出口加工基地，中国西部重要的商贸中心和新型工业基地、文化创意和科技研发中心。

中央新疆工作座谈会提出，从战略层面扩大新疆对外开放，努力打造中国向西开放的桥头堡。2012 年国务院正式批复同意《天山北坡经济带发展规划》，作为国家西部大开发战略重要环节，被列为西部地区重点培育的新的增长极之一，从多方面推动北疆地区快速发展。天山北坡经济带纳入国家“主体”功能区战略后，以乌鲁木齐市、昌吉市、石河子市等为核心的“乌昌石”城市群成为国家重点打造的十大城市群之一，乌鲁木齐区域辐射功能进一步增强。[19]

乌鲁木齐市《十二五规划纲要》提出，加速推进新型工业化、现代服务业、城市

乌鲁木齐经学院

现代化和乌昌经济一体化“四大战略”，把乌鲁木齐建成西部中心城市、面向中西亚的现代化国际商贸中心、多民族和谐宜居城市、天山绿洲生态园林城市和区域重要的综合交通枢纽。坚持实施大企业、大项目带动，加快建设先进制造业基地。强化 12 个产业集群规划引导，促进风电、汽车、光伏、电子新材料及现代煤化工等产业延伸产业链。推进钢铁冶金、石油化工、纺织等传统支柱产业改造升级，促进骨干龙头企业提质增效。积极推进国际纺织品商贸中心、“云计算”产业基地、新疆软件园等重点示范项目。

加快发展现代物流、金融保险、商贸会展等生产性服务业，发挥中国 - 亚欧经贸博览会品牌效应，把会展业作为首府对外经贸合作和文化交流的重要平台，努力把首府打造成为中国西部和面向中西亚的会展之都。

紧紧抓住全国 19 个省、市对口援疆的有利时机，大力实施首府总部经济发展战略。乌市将创新招商引资模式，大力发展出口导向型经济，积极发展服务贸易和服务外包产业。进一步扩大机电产品、高新技术产品、地产品出口规模，加快建设外贸公共信息服务和电子商务平台、国际口岸和出口加工基地平台。支持企业“走出去”开拓国际市场，鼓励引导企业在中亚国家兴办实体，建立售后服务机构和营销网点，占领向西开放的制高点，不断提高国际化城市的经济外向度。

5.3.3 科学跨越、后发赶超，打造全疆引领之地，首善之城

21 世纪，乌鲁木齐将紧紧抓住国家实施西部大开发的历史机遇，努力把乌鲁木齐建设成为中国西部及中亚地区的区域性商品交易集散中心、金融中心、交通运输仓储中心和现代化信息服务咨询中心。《乌鲁木齐市城市总体规划修编（2011 ~ 2020 年）》确定城市功能：我国面向中西亚的国际商贸中心、国际文化交流中心、跨国区域联络中心；我国面向中西亚的国际能源资源合作基地和出口加工基地；我国西部重要的商贸中心和新型工业基地；我国西部重要的文化创意和科技研发中心；多民族和谐、宜居城市；天山绿洲生态园林城市。

乌鲁木齐实施“南控北扩、先西延后东进”战略，推进城市发展空间由老城区向新城区拓展。按照“保护生态区、提升中心区、打造工业区、建设新城区”的要求，重点推进高铁新区、城北新区、西山新区、米东区、甘泉堡工业区和中心城区六大组团建设，构建组团式、多中心城市发展格局。“十二五”期间重点调整优化老城区分区功能，减轻开发强度，降低人口密度，促进人口、产业的合理集聚，塑造特色都市中心。

乌鲁木齐商业街区

高铁新区结合高铁综合交通枢纽，重点发展商务办公、研发咨询、高端零售和居住等功能；承接老城区人口和产业功能转移。城北新区重点发展国际商贸、外事交流、空港商务、保税物流、行政办公五大核心功能；西山新区重点发展教育培训、科技研发、高新技术和现代物流等相关服务业；老城区重点推进行政办公、商业金融、旅游休闲、文化创意、大学教育等服务功能；米东区重点打造石化基地，发展成为居住、商贸、文化教育、旅游休闲度假区相结合的现代化城区。逐步推进米东城区北扩，提升城市副中心功能。加大甘泉堡工业区开发建设力度，把甘泉堡工业区打造成为首府新型工业化的主战场。

居住用地实行“新区开发为主、旧区改造为辅，新旧区发展相结合”的原则，旧区重点对危房集中地区进行改建，改善交通系统，保护有价值、具有传统风格和历史意义的民居建筑。新区改善人居环境，提高住房品质，使新区成为老城区人口疏解和未来城市现代化过程中新功能聚集的主要载体。

构筑“天山明珠、沙漠绿洲”的城市景观格局，建设“点线面相结合、环网式”的园林绿地系统，推进重点生态功能区及风沙治理区生态建设，形成以大面积荒山绿化为屏障，以道路绿化为骨架，以公园美化为基础，以庭院绿化为点缀的城市园林绿化生态体系，努力打造天山绿洲生态园林城市。启动环城生态圈建设，大力推进三北防护林、退耕还林等林业生态工程建设。

5.3.4　构筑现代化的立体“丝绸之路”，积极参与中西亚区域合作

乌鲁木齐毗邻中亚各国，自古以来就是沟通东西商贸的重要枢纽，不仅是新疆最

乌鲁木齐国际大巴扎

大的商品集散地，而且是中亚地区重要的进出口贸易集散地，已成为世界投资者开拓中亚市场的重要平台。目前，乌鲁木齐依托周边八个国家，建成了近 200 个各类商品交易市场，形成了覆盖新疆，辐射中亚地区的多层次、多渠道贸易网络，跻身中国西部对外开放的最前沿。

乌鲁木齐既占沿边之利，又得沿线之益。随着新亚欧大陆桥的全线贯通，连接内外、横贯南北的交通网络，构筑起现代化的立体“丝绸之路”，为乌鲁木齐走向世界架起了金桥。连续举办了 19 年的乌洽会，是乌鲁木齐不断加大开放的最有力“见证”，已经升格为中国—亚欧博览会。[20]

乌鲁木齐借力上海合作组织，积极参与中西亚区域合作，着力促进与中亚城市“五通”，启动丝绸之路经济带“五大中心”规划建设；争取批准设立亚欧经贸合作试验区；加强与国内外地区和城市合作，共同建设产业合作园区；尽快建立综合保税区，推进通关便利化；协调争取国际航班“经停”等政策，协调航空、铁路、公路等部门拓展国际陆航联运线路；推进区域性国际金融中心建设，抓紧建设结算中心、外汇交易中心、股权交易中心和大宗特色资源产品期货市场。[21]

以经济技术开发区、高新技术产业开发区和甘泉堡工业区为载体，尽快形成出口产业的集聚，加快建设出口加工基地、中转集散基地和物流大通道。重点开拓西亚、南亚、东欧及俄罗斯市场。在抓好特色农副产品、纺织、服装、家具等大宗商品出口的基础上，重点支持机电、建材、化工等产品及具有自主知识产权、自主品牌的商品出口，努力扩大出口规模，鼓励服务贸易发展。

5.4　喀什市

5.4.1　丝绸路上明珠、维吾尔族风情之都

西部边城喀什噶尔，维吾尔语义为“美玉般的地方”，是典型的沙漠绿洲城市。由

于其独特的地理位置、丰富的自然资源、浓郁的西域文化、淳朴的民俗，被誉为“丝路明珠”。喀什地区北有天山南脉横卧，西有帕米尔高原耸立，南部是绵亘东西的喀喇昆仑山，东部为一望无垠的塔克拉玛干大沙漠。山区的冰雪融水给这片绿洲的开发创造了得天独厚的条件，形成喀什噶尔河和叶尔羌河两大著名绿洲。

喀什噶尔民俗馆

喀什是新疆历史的“活化石”，有文字记载的历史 2100 多年。汉博望侯张骞奉旨通西域时，将今日的喀什地区称作“疏勒”。东汉班超平定西域，大本营就设在这里。汉朝设置西域都护府，喀什作为西域的一部分，正式列入祖国版图。唐代这里为唐朝政府的重要军事据点，盛唐时期喀什是河西走廊之外有名的安西四镇之一。唐玄奘到西天取经路过此地，著有《大唐西域记》。15 世纪海路开通之前，喀什是举世闻名的古“丝绸之路”的南道、北道、中道的交汇点和交通枢纽，与中亚、南亚、西亚乃至欧洲的通商历史渊源悠久，一直是客商云集、享誉中外的国际商埠。元代马可波罗行纪描述喀什有幽美的园林、葡萄园、制造业，有不少商人到世界各地经商。清乾隆时期，这里是清政府“总理南八城事宜”的喀什噶尔参赞大臣的驻地。光绪年间置喀什噶尔道，民国年间改为喀什行政区。中华人民共和国成立后建立了喀什专区，1971 年改为喀什地区。[22]

吾斯塘博依路巴扎

喀什是维吾尔民族文化的发祥地，维吾尔族占喀什市总人口的 2/3。10 世纪中叶后，喀什噶尔是伊斯兰教从陆路东传中国新疆的第一个基地。喀什城内保存完好的艾提尕尔清真寺，是全疆乃至全国最大的一座伊斯兰教礼拜寺，由寺门塔楼、庭园、经堂和礼拜殿四大部分组成，至今已有 500 多年历史。著名古迹有：纪念 11 世纪维吾尔族语文学家马赫穆德 · 喀什噶尔、喀喇汗朝时期著名维吾尔族诗人玉素甫 · 哈斯 · 哈吉甫、

喀什城高台民居

维吾尔民居精致的天井院

清高宗容妃伊帕尔罕（香妃）的建筑，伊斯兰风格突出。

艾提尕尔广场旁边的吾斯塘博依路是一条巴札街，很多地方已经消失的手工业作坊在这里仍然存在。维吾尔语巴札是集市之意，喀什的巴札自古就有专业之分。东门大巴札，全称是中西亚国际贸易市场，是我国西北地区最大的国际贸易市场。喀什是古丝绸之路上的历史文化名城，也是商品集散地，这里的巴札已有2000多年的历史，古代就有“亚洲最大集市”之称。自从红其拉甫口岸和吐尔尕特口岸相继开放后，重新打开了国际商品的通道。[23]

喀什古城最老的房子据说有500多年历史，依山而建，曲径通幽。老城古老的土巷子和泥墙小院里，维吾尔阿以旺民居的室内空间和檐廊下空间特色突出，葡萄架绿影婆娑。古老的高台民居层层叠叠，如中世纪的城堡；拾阶而上，进入迷宫式的古老街巷，到处是歪歪斜斜向上生长的泥土房子、古今参半的院落和院墙上面随意用木板和土坯草泥搭建起来的“空中楼阁”。走进一户高达7层的维吾尔家庭，雅致的民居天井院、精心雕刻的柱廊、连续的尖拱、精致的植物藤蔓图案，都在讲述建筑的悠久、文脉的传承。在现代化飞速前进的热潮中，喀什独特的城市机理和建筑语汇得以保护和传承，难能可贵。

5.4.2 发挥“五口通八国、一路连欧亚”的区位优势，加快经济特区建设

喀什地区地处欧亚大陆中部，具有罕见的口岸集群优势，与巴基斯坦、塔吉克斯

坦、吉尔吉斯斯坦、阿富汗、印度、土库曼斯坦、乌兹别克斯坦、哈萨克斯坦八国接壤。现有红其拉甫、吐尔尕特、伊克尔斯坦木、卡拉苏一类口岸及新怡发二类口岸对外开放，喀什至伊斯兰堡国际航空港已开通，是中国通往中亚、南亚、西亚和欧洲最便捷的国际大通道。

喀什中西亚国际大巴扎

喀什市抢抓国家西部大开发的历史机遇，坚持优势资源转换战略，充分发挥独特的地缘和资源优势，大力发展外向型经济，加快西出大通道、外贸大平台、出口产品加工大基地建设。中央召开的新疆工作座谈会，决定设立喀什特殊经济开发区，深圳市对口支援喀什市，体现了国家着眼于进一步加大沿边开放力度，充分利用亚欧大陆桥交通枢纽的独特区位优势，加快新疆发展的决心。由于周边国家相对落后，各种消费品大部分从我国进口，喀什地区五个口岸承担了这些周边国家进口的通道。喀什经济开发区的发展作为国家战略，要发挥口岸和交通枢纽的作用，加强与中亚、南亚、西亚和东欧的紧密合作，努力打造“外引内联、东联西出、西来东去”的开放合作平台，把喀什经济开发区建设成为我国向西开放的重要窗口。[25]

喀什经济开发区总面积约 50 平方公里，其中包括喀什市 40 平方公里和伊尔克什坦口岸的 10 平方公里。按照构建适合经济开发区长远发展的现代产业体系，喀什市重点建设区域性商贸物流中心、金融贸易区和优势资源转化加工；伊尔克斯坦口岸，重点建设进出口商品物流仓储集散中心、进出口产品加工区。在空间布局上将经济开发区分为金融商贸服务园区、机车产业园区、轻工产品制造园区、农副产品加工转化园区、综合保税区物流园区、新能源新材料生物医药高新技术园区 6 个产业园区。

《喀什市城市总体规划（2010 ~ 2030 年）》确定，以喀什城区为核心，以喀什经济开发区、疏勒城区和疏附城区为三大增长极，构筑“大喀什”空间发展框架。城市空间拓展方向主要向东，立足区域层面整合“一市两县”范围内的优势资源，打造涵盖喀什、疏勒、疏附以及阿图什等周边城镇的“大喀什两小时经济圈”。通过加强产业关联、功能互动、交通联系和设施共享等方式，促进喀什经济开发区与喀什城区互动融合，打造“现代化的绿洲田园城市”，传承多元历史文脉，合理保

纪念清高宗容妃伊帕尔汗的建筑（香妃墓）

护喀什老城，积极发展文化旅游产业，将喀什建设成为“具有浓郁民族特色的现代化城市”。

喀什《十二五规划》紧紧围绕打造中国西部明珠，建设面向中亚、南亚的商贸、旅游中心城市，绿洲生态田园式和具有浓郁民族特色的现代化城市目标，全面推进大建设、大开放、大发展。紧紧围绕喀什特殊经济开发区的功能定位，引进面向周边国家的高新技术产业、组装加工贸易业，形成产业集群高地。根据喀什市城市总体规划，合理布局城市功能区和各类产业发展区，形成产业发展和城市发展相融合，带动相关产业和行业的全面可持续发展，达到产业发展和城市发展相辅相成。以“一城一园”为平台，实现八钢、拓日新能等重大项目快速建成投产。

按照《喀什市总体规划（2010 ~ 2030 年）》提出建设欧亚大陆国际之城、中国内陆开放之窗、和谐发展首善之区和历史人文魅力之都的战略定位，立足近期建设东部城市新区，远期南跨发展，控建南部生态湿地，北部特殊经济开发区的城市空间布局，高标准统一规划区域内的行政功能区、居住功能区、产业功能区和生态保护区，形成地域特色鲜明、产业布局合理，与城市形态有机衔接的浓郁民族特色、绿洲生态田园式的现代城市格局。坚持聚焦“三大战场”，继续实施老城区危旧房改造，完成 4 条历史街区的风貌打造工程，启动新城和北部产业园区重点项目数量，重点加快深圳城、深圳产业园和综合保税区建设。

“十二五”期间，以周边国家及中东国家巨大的清真食品市场需求为导向，积极引进大型加工企业，形成特色优势产业集群，培育一批现代化加工企业。把喀什建成面向中亚、南亚的出口商品组装加工基地、农副产品精深加工基地和清真食品加工基地。构建向西开放窗口，加快实施“走出去”战略，以企业为主体，以周边国家为重点，进一步扩大和深化对外经济技术合作。加快与周边国家的物流大通道建设，打造中国对外开放的重要门户、基地和桥头堡；最大限度地发挥中心城市的资源配置能力和对周边市场的影响力。鼓励和支持有优势的企业以投资、参股等形式“走出去”，大力发展与周边国家在煤炭、有色金属、木材、石油、天然气和农业等领域的合作。联合周边国家统一谋划、集中开发旅游资源，参与市场开发，全面提高对外开放的质量和水平。认真研究并充分利用上海合作组织、中亚区域经济合作机制，推进双边或区域贸易自由化进程。

喀什盘橐城

5.4.3　坚持文化立市，促进旅游业大发展

喀什地域特色建筑符号

2013 年印发的《关于加快推进喀什市旅游业跨越式发展的实施意见》，坚持“文化立市、旅游兴市”原则，把喀什市建成区域性国际旅游中心城市和世界级旅游目的地。以文化喀什、民族风情、绿洲田园、特色旅游、和谐民生为发展目标，优化旅游业发展空间布局和产品结构。进一步挖掘、整合和提升喀什市作为国家级历史文化名城、维吾尔文化发祥地、“丝路明珠”的丰厚内涵，注重将现代文化和时尚元素融入传统文化资源。重点建成喀什老城区核心区、艾提尕民俗文化旅游景区等 5A 级景区，提升吐曼河民俗文化旅游风景区、盘橐城景区等 4A 级景区和中西亚国际贸易市场 3A 级景区，建设徕宁城、福乐智慧园、九龙泉、云木拉克夏宫等一批特色景区景点，全面提升喀什旅游景区景点的档次和品位。推出一批体现“西域神韵 · 喀什噶尔”内涵，民族风情浓郁、时代特色鲜明、具有现代文化风格和较强吸引力的旅游演艺产品和大型民族精品剧目演出，重点打造《福乐智慧》、《十二木卡姆》、“麦西来甫”和“刀郎艺术”等具有典型地方特点和民族特色的演艺产品，全面提升旅游产品和旅游产业的核心竞争力。

按照以喀什市为核心圈，环喀什地区为基本圈，环中亚及周边国家为拓展圈的构想，充分利用国内、国际两个市场、两种资源，大力发展国内旅游和出入境旅游，积极发展入境旅游，做大、做好疆内旅游。

广泛开展与“丝绸之路”沿线国家的旅游合作，建立与上海合作组织、中亚南亚区域经济合作机制成员国的旅游交流和合作机制，推动建立喀什中亚南亚跨国旅游合作区。力争实现设立周边国家签证代办处，允许相互落地签证，互设对方为旅游目的国，开通前往中亚、南亚、欧洲城市航班，加强与周边国家首都城市及迪拜、新德里、伊斯坦布尔等旅游城市的联合与协作，突出古丝绸之路历史文化背景，共同开发特色精品旅游项目，推动喀什丰富的旅游资源与周边国家旅游资源的有机结合，不断提高喀什旅游的国际化程度，打造世界级新丝绸之路黄金旅游线路。

参考文献

[1] 庞兴雷 . 丝绸之路经济带符合中哈根本利益 . 新华网，2013-10-16.

[2] 西安简介 . 西安旅游局 .http：//www.sina.com.cn，2013-03-06.

[3] 胡雁霞，钟欣 . 西安旅游之城、文明古城的城市发展定位 . 新浪网，2010-06-22.

[4] 西安的约会地 . 西部网（西安），2012-11-12.

[5] 刘树铎 . 西安浐灞：欲创第三代城市新模式 [N]. 中国经济时报，2007-09-06.

[6] 张延龙 . 西咸新区是破局之策 [N]. 经济观察报，2013-03-11.

[7] 程慧 . 西安：建设富有魅力与活力的和谐城市 [N]. 西安日报，2007-09-17.

[8] Serge Salat. 关于可持续城市化的研究：城市与形态 [M]. 北京：中国建筑工业出版社，2012.

[9] 白瀛，廖翊家 . 国文物局与六省区为申遗联手保护丝绸之路 . 新华网，2013-03-04.

[10] 呼延思正，陈颖 . 聚首西安共商丝路申遗：起点城市西安当仁不让 [N]. 西安晚报，2007-10-31.

[11] 兰州 . 百度百科，baike.baidu.com/ 2014-03-26.

[12] 刘金松，谢青 . 兰州新区获批之后的新使命 [N]. 经济观察报，2013-03-11.

[13] 刘健，田月，李繁荣 . 详解兰州“十二五”规划纲要：三步走，兰州新区建成“全国一流”[N] 兰州晨报，2011-02-23.

[14] 兰州黄河风情线 . 百度百科，baike.baidu.com/ 2013-12-21.

[15] http：//baike.so.com/lottery/?act_id=5&src=ss 水车博览园 _360 百科，baike.so.com，2013-05-09.

[16] 乌鲁木齐 _ 百度百科，baike.baidu.com/ 2014-03-27.

[17] 乌鲁木齐：世界上离海洋最远城市 亚洲大陆中心 . 新疆网，2013-02-26.

[18] 林伟 . 乌鲁木齐建设西部旅游强市的思路还需要拓展 . 新疆网，2012-03-23.

[19] 国务院批复天山北坡经济规划　新疆板块迎良机 . 新华网，2012-11-22.

[20] 吴卓胜，陈宏伟 . 新疆独特发展优势，构建亚欧博览会区域展会核心地位，百度百科，baike.baidu.com，2012-09-03.

[21] 丝绸之路经济带 . 百度百科，baike.baidu.com 2014-01-17.

[22] 历史文化名城——喀什 . 喀什市政府网，2009-06-05.

[23] 喀什概况 . 喀什市人民政府网，2012-06-05.

[24] 闯入另外一个国度 喀什品味浓浓的维吾尔族风情 . 新华网，2013-01-10.

[25] 张鹏 . 喀什成为丝绸之路经济带“引擎”. 天山网，2014-03-25.

第 6 章

大漠深处的瑰宝

内蒙古高原苍凉辽阔，草原民族和农耕民族在这里生存繁衍，草原文化和黄河文化在这里交融。久远的历史和独特的风情，让大漠深处的历史名城魅力无穷。在乡土建筑现代化、现代建筑地域化的新城市建构探索之中，结构优化、产业升级、功能转型与文脉传承、形式建造、城市精神塑造相结合，呼和浩特市、鄂尔多斯市、赤峰市和克什克腾旗各有特色，是各族人民心中的瑰宝。

6.1 呼和浩特市

6.1.1 历史悠远的草原名城

呼和浩特是内蒙古自治区的首府，是一个以蒙古族为主体，41 个民族聚居的塞外名城。黄河文化、草原文化为这座城市增添了无限生机和活力。

“战国七雄”之一的赵国,在今呼和浩特城区西南处修筑了一座军事城堡“云中城”，赵武灵王在阴山下筑长城，以云中城为中心，正式设立“云中郡”。汉武帝在河套地区兴建了一批军事重镇，隋唐时期，呼和浩特一带是突厥人的活动范围。唐太宗贞观年间，唐军大败突厥于白道，唐王朝在今呼和浩特周围地区设立了东、中、西三个“受

呼和浩特蒙古大营

绥远将军衙署漠南第一府

固伦恪靖公主府

降城”。明朝隆庆年间，蒙古土默特部领主阿勒坦汗到此住牧，统一了蒙古各地和漠南地区。万历年间，阿勒坦汗和他的妻子三娘子在这里正式筑城，城墙用青砖砌成，“青城”之名由此而来。明王朝赐名为“归化”，长城沿线的人们称作“三娘子城”。清初，三娘子城焚毁。康熙年间，在原三娘子城外增筑了一道外城，包围了原城东、南、西三面。后又在距旧城东北 2.5 公里处另建一驻防城，命名为“绥远城”。绥远城内主要是军营；归化城内聚居着居民。清朝末年，将归化和绥远合并，称归绥。1954 年归绥市改名为呼和浩特市。经国务院批准，现辖四区、四县、一旗、一个国家级开发区。

呼和浩特是汉族和大漠草原民族文化交融的地方，至今仍保留一些重要的历史遗迹。依托昭君墓建造的昭君博物院，汉式门阙、青冢牌坊、昭君纪念馆大屋顶建筑，与单于大帐、蒙古包式匈奴博物馆相呼应，是“胡汉和亲”的历史见证。固伦恪靖公主府是康熙实行满蒙联姻稳定北疆，为和硕公主下嫁漠北蒙古郡王修建的京外第一府。绥远城中心的清绥远将军衙署是当时最为完整、地位最为重要的将军府，执掌包括现在的蒙古国，以及内蒙古自治区、山西省、河北省等处的军务。由于清代内蒙古被称为漠南蒙古，又有“漠南第一府”、“一府镇漠南”之说。

明代晋商开辟北疆贸易，清代开辟恰克图为中俄贸易市场，走西口的马帮驼队川流不息。始建于明代的呼和浩特大昭寺，是市内最大的黄教寺庙，也是蒙古少有的不设活佛的寺庙。大昭寺旁的明清一条街，当年客商云集，相当繁盛。

1991年起每年兴办内蒙古草原旅游节，摔跤、赛马和射箭比赛引人注目；敖包祭祀、成吉思汗陵祭祀等蒙古传统祭祀活动民族特色突出。内蒙古乌兰牧骑艺术节有时与内蒙古草原旅游节、内蒙古那达慕大会同时举行。昭君文化节及“天堂草原”开幕式大型文艺晚会，已成为呼和浩特市的城市文化名片、地方经济快速发展的平台、对外经济文化交流的载体、加强民族团结及社会全面发展的推动力。全国少数民族文化旅游艺术节于2011年首次在呼和浩特市兴办，文化活动和旅游活动盛况空前，从2012年起固定在呼和浩特举办。

6.1.2 多样性包容性的自治区首府

长期游牧生活培育的草原文化，具有敬畏大地、亲和自然、诚信执着、追求理想、英雄崇拜的内核和外延，与时俱进，不断拓展。蒙古包作为草原牧民温馨的家，那圆形穹顶是牧民心中的长生天、慧觉天、圆融天、苍穹天。地标建筑呼和浩特东站、艺术宫、赛马蒙古大营，成吉思汗大街蒙古风情街等，尽情展示圆顶苍穹、白色崇拜、蔚蓝色梦想。2007年落成的内蒙古博物院和乌兰恰特大剧院建筑群，规模宏大，用现

内蒙古博物馆和乌兰恰特大剧院建筑群

代建筑材料、结构，重组传统建筑语汇，诠释草原文化恢宏气势、悠长韵味、风云变幻。漫步其间，想起阴山下疏勒川、草原的云、草原的风、雪白的羊群、奔驰的骏马，心中久久回荡《天堂》、《鸿雁》那悠远的歌声。

位于呼和浩特市回民聚居区的伊斯兰风情大街，伊斯兰风格建筑集中，穆斯林商业繁荣。街道两侧以叠涩拱券、穹隆、彩色琉璃砖装饰出来的高楼气势宏伟，排排尖拱并列的门窗、高耸的柱式塔楼，以沙漠黄为主而绿白相间的色调，让人领略到浓郁的伊斯兰风情。始建于清乾隆年间的清真大寺是呼和浩特市最大的一座清真寺。当年大批回族居民自新疆迁到呼和浩特，在这里繁衍生息，建造了这座规模宏大的清真寺。主要建筑包括著名的望月楼，都是飞檐翘角的中原制式，而坐东向西的格局表现出对圣地麦加的尊崇。近些年在这里修建的宾馆礼拜堂，白墙高耸，尖拱和穹顶建筑符号鲜明，与广场上的阿帕丁神灯相互呼应，引导穆斯林追求两世幸福。而转过街角，就可以看到哥特式尖顶天主教堂。

蒙古族信仰藏传佛教，呼和浩特五塔寺金刚舍利宝塔存有世界唯一石刻蒙古文天文图，辽代万部华严经塔闻名遐迩；与被誉为“召城之最”的大召、“佛教建筑典范”的席力图召、“杏坞番红”的乌素图召、“古木参天”的喇嘛洞召等众多召庙，共同组成独具魅力的“召庙文化”。

从大昭寺前的广场环顾明清老街、九边第一泉、阿勒坦汗塑像、金字牌楼、宾

乌力格尔艺术馆的草原情调

五塔寺金刚舍利宝塔

清真大寺的独特语汇

伊斯兰风情街

馆公寓楼群，呼和浩特紧凑型发展的城市格局和绵延不断的地域文脉近在眼前。

进入21世纪，呼和浩特投巨资进行城市基础设施建设，城市空间不断拓展。全市建成区面积由2000年的80平方公里拓展到现在的210平方公里。道路框架进一步拓展，二环路全线贯通，市区内形成了八横八纵八车道的都市交通网络，绕城高速公路建成通车。相继改造建成了大召广场、大青山野生动物园、南湖湿地公园等一大批公共绿地和公园广场，建成区绿化覆盖率达到33.5%，

呼和浩特坚持用特色文化建设和改造城市。对昭君博物院、大召等文化古迹进行了修缮、复原和扩建，城市文脉得以传承发展；加大文化工程建设力度，完成了蒙元文化特色景观街、伊斯兰建筑特色景观街建设；启动了大盛魁文化创意产业园等标志性文化设施建设。

6.1.3 构建中国北疆绿色长城、建设中国乳都

呼和浩特境内主要分为两大地貌单元，即：北部大青山和东南部蛮汉山山地地形。南部及西南部为土默川平原地形。这里属典型的蒙古高原大陆性气候，四季气候变化明显，年温差大，日温差也大。建设中国北疆绿色长城，打造生态城市、和谐城市、幸福城市是呼和浩特市始终坚持的目标。呼和浩特市生态建设规划五大类型功能区，确立了五大类型建设模式，实行分区规划、分区治理。实施了大青山干旱阳坡造林科技示范工程等八大生态建设精品展示工程、绕城高速公路绿化隔离带建设等十大创森重点工程；在市区周边，建设了四个万亩以上生态园；在核心区内，建设了四个千亩以上的大型公园和数十个大中小相结合的绿地广场。2009年以来启动了环城水系生态工程，逐步形成了“森林城市”的生态防护体系。站在桥上远望滨水而建的呼和浩特市政府，近观新开发的社区楼群倒影。

世界上有一条国际公认的优质奶牛带，英国、法国、荷兰、美国、加拿大等乳业强国的乳制品工业区几乎都分布在这个纬度上。恰好地处优质奶牛带上的呼和浩特市审时度势，2000年开始实施“奶业兴市”战略。短短五年的时间，成功培育出伊利、蒙牛两大中国乳品加工领军企业，创造了奶牛头数、鲜奶产量、人均牛奶占有量和牛奶加工能力四项全国第一。2005年呼和浩特市被中国乳制品协会正式命名为中国乳都。“中国乳都”的象形方鼎伫立在新世纪广场，浓浓的“乳香味”弥漫在首府青城。呼和浩特市将进一步汇聚世界乳业的顶尖科技与人才，开启“中国乳都”向“世界乳都”迈进的序幕。

呼和浩特地处环渤海经济圈、西部大开发、振兴东北老工业基地三大战略交汇点，是距离首都北京最近的省会城市之一，还是连接黄河经济带、亚欧大陆桥的重要节点。

中国乳都城雕

内蒙古大学校园

呼和浩特开通了经蒙古、俄罗斯、白俄罗斯、波兰至德国法兰克福的国际物流专列“如意号”，全程运输时间比海运缩短近一半，物流通道安全、稳定、经济、便捷，是开辟俄、蒙乃至欧洲市场的物流平台。呼和浩特不仅是引领内蒙古快速发展的呼包鄂经济圈重要的增长极，还是国家主体功能区规划“呼包鄂榆重点开发区”的中心城市、国家实施西部大开发战略重要的中心城市之一。

呼和浩特现有内蒙古大学、内蒙古师范大学、内蒙古农业大学、内蒙古工业大学、内蒙古财经大学、内蒙古医科大学、呼和浩特民族学院等 10 多所高等院校；还有中央、内蒙古直属和市属的多家科研机构。依靠丰富的科技资源，以发展非资源依赖型和高科技产业作为经济的主攻方向，构筑起以乳业为核心的现代农牧业体系，以高科技、高附加值为特征的新型工业体系，以生产性服务业、旅游业为主的现代服务业体系三大优势产业体系。形成了乳业、电力、电子信息、生物制药、冶金化工、机械制造六大产业集群和乳品、火电、生物发酵三大产业基地。火力发电、生物发酵、太阳能光伏产业、风力发电、云计算基地等 10 个各具特色的园区，成为全市支柱产业和龙头企业的集聚区、新型工业化发展的示范区，产业集群化、企业规模化、布局基地化、生产洁净化的现代化产业格局基本形成。[1]

值得关注的是，呼和浩特市大规模建造的现代立交桥体系，虽然能够加速疏导市中心地带高峰时段的车流，但是其高度、体量、风格和气势，都与桥下将军衙署等历

呼和浩特中心区的立交桥

史遗产构成的历史文化街区格格不入。比较而言，上海外滩修建地下隧道疏导车流的尽量不去破坏城市肌理、割断城市文脉的思路似乎略高一筹。总体上看，呼和浩特城市第五立面鸟瞰效果不尽理想；CBD 主体建筑的高度控制、疏密组合、形象呼应尚未显示内在关联；城市的功能区划与城市综合体的有机构成需要深入探索。

6.2 鄂尔多斯市

6.2.1 河套文化与宫帐守卫

"鄂尔多斯"蒙古意为"宫帐守卫",西北东三面为黄河环绕,南临古长城,毗邻晋、陕、宁三省区。全市总面积 8.7 万平方公里，总人口 194.07 万，其中蒙古族 17.7 万，是一个以蒙古族为主体、汉族占多数的少数民族地区。

远古时代在萨拉乌素河流域繁衍生息的"河套人"，创造了著名的古鄂尔多斯文化，史称"河套人文化"。先秦时期，鄂尔多斯地区曾为雍州所辖；秦始皇统一中国，这里称为“新秦中”、“河南地”；汉时曾归并州（今太原市）领有。后来鄂尔多斯被北方匈奴、乌桓、鲜卑、羌等少数民族开为游牧区。唐朝为安置归顺的突厥汗国的部落，设羁縻州府。元初曾设察汗脑（皇室封地），后期被元朝太傅、中书左丞相、河南王扩部帖木儿所占有。明朝在鄂尔多斯南部修筑长城，加设边关、察罕脑儿卫、东胜卫；加封阿勒坦汗为顺义王。天顺年间，蒙古鄂尔多斯部驻牧河套，始称鄂尔多斯。清朝顺治年间，鄂尔多斯各旗会盟成伊克昭盟。中华人民共和国成立后成立绥远省伊盟人民自治政府；2001年撤盟，设地级鄂尔多斯市，辖七旗一区。

鄂尔多斯成吉思汗陵园

鄂尔多斯草原久负盛名，“鄂尔多斯婚礼”和“成吉思汗祭祀”以其独特的文化魅力载入国家级非物质文化遗产名录。

鄂尔多斯成吉思汗纪念馆

成吉思汗陵园布局气势宏大，山门、牌坊、图腾柱、成吉思汗塑像，成吉思汗纪念馆的蒙古大帐和查干苏勒德组群巍峨雄壮；那丰富的建筑语汇、生动的建筑符号表达了深沉的民族根基、诚挚的民族情结、坦荡的理想情怀、草原文化史诗般的业绩和永久的眷恋。窝阔台祭祀区、康巴斯婚庆文化广场、响沙湾乐园、恩贝格沙漠生态建设示范区，让浓厚地域文化韵味散布在鄂尔多斯大地。

东胜区城市设计力求体现草原文化以人为本、敬畏自然、诚信执着、追求理想、包容性发展的内涵。中心地带的青铜文化广场带你思索草原文化怎样吸收农耕文化、工业文化走向未来？

鄂尔多斯东胜区青铜文化广场

全市广场文化、社区文化、企业文化、少儿文化主题突出，好戏连台，逐步形成了一批具有民族风格特色、地域文化特点和乡土文化气息的文化品牌。在自治区乌兰牧骑分类评估中，全市6个乌兰牧骑全部进入一类乌兰牧骑先进行列，团队整体水平和综合实力继续保持在全区的领先地位。这里连续成功举办了三届鄂尔多斯国际文化节、第十一届亚洲艺术节和首届鄂尔多斯国际那达慕大会。一系列地区性重大文化活动的成功举办，实现了经济文化共同发展的构想，形成了更强的包容力和竞争力。

6.2.2 羊、煤、土、气，构建草原新城的魅力

鄂尔多斯市地处鄂尔多斯高原腹地，东北西三面被黄河环绕，南面与黄土高原相连。地貌类型多样，既有芳草如茵的美丽草原，又有开阔坦荡的波状高原。

鄂尔多斯依托阿尔巴斯白山羊绒，已经成为中国的绒城、世界羊绒产业中心，已探明煤炭储量占全国的六分之一；稀土高岭土储量占全国二分之一；天然气探明储量占全国的三分之一。资源丰富的鄂尔多斯扬（羊）眉（煤）吐（土）气！更以现代产业的飞速发展而自豪。“鄂尔多斯”是中国纺织服装行业第一品牌；苏里格气田是我国最大的世界级整装气田；神华煤制油生产线是世界第一条煤直接液化生产线；中天合创二甲醚项目是世界规模最大的煤制二甲醚项目；神华布尔台煤矿是世界规模最大的井工煤矿；神华哈尔乌素露天矿是国内第一大露天煤矿。伊泰煤间接液化煤基合成油生产线是国内第一条煤间接液化生产线。这里还有国内首条利用粉煤灰提取氧化铝生产线、全国首座新型光伏发电示范电站。奇瑞汽车新增产能20万辆、京东方液晶显示器、大族激光设备、荣泰LED等项目的建设，加速了大型装备制造项目的引进和培育。

鄂尔多斯虽然近年来受到国际金融危机、货币政策紧缩及房地产“泡沫”等外部内部大环境的影响，但鄂尔多斯人依然信心十足，迎难而上，大力推进产业转型，拓宽发展空间，构建现代工业体系。规划构筑能源、装备制造、高新技术产业三大板块产业集群。准旗煤电铝一体化基地、达旗初铝资源精深加工产业园区将推动铝业、陶

东胜老城街区

康巴斯新区文化园

瓷和 PVC 产业规模化发展。精心策划跨地区大宗煤炭、化工、建材、冶金等产业物流，建设四大中心物流基地，打造区域性物流中心。[2]

6.2.3 “鄂尔多斯现象”的深层反思

响应自治区沿黄河发展产业集群的战略布局，鄂尔多斯仅用 5 年时间就在市中心东胜区 30 公里外打造出康巴斯新区。2006 年斥资 40 多亿元，在新区集中新建了鄂尔多斯博物馆、大剧院、图书馆、文化中心、新闻中心、会展中心和体育中心七大标志性文化工程，形象生动，寓意明确。晚秋季节，在当地号称“一百年不落后”的那种酷似国际大都市的中心地带，行政机关办公楼群巍然耸立，四组巨型历史题材雕塑气势磅礴。但是硕大的市政广场人迹罕至；中央公园的花草残败、灌木丛枯黄；周边的七大标志性建筑门可罗雀。这种景象无法使人联想到新加坡大师的设计原意：草原上升起不落的太阳。康巴斯新区里还有精心设计的豪华公寓、购物中心、水景花园、宽阔的林荫大道，可惜都人气不旺。争议四起的“鄂尔多斯鬼城现象”值得人们深刻反思。

或许这个现象的部分原因，是鄂尔多斯过分依赖已然下行的煤炭产业。[3] 也有人

康巴斯新区行政中心

康巴斯鄂尔多斯大剧院

康巴斯新区文化中心和图书馆

说鄂尔多斯房地产崩溃主要是金融链条崩盘的结果，煤炭价格下挫、民间借贷链条断裂成为压垮房地产市场的两根稻草。[4]

现代城市建构和城市繁荣的基础，是科学设计的城市功能得到充分发挥，产业兴旺，人气凝聚、资源聚集；决策者、设计师、投资人、常住户、旅行家等人群不同的价值述求，有最大的交集。由于康巴斯新城规划的装备制造、云计算、高科技产业园区和物流园区尚未成形；刚刚入主行政大楼的机关干部大部分跑通勤；而大规模改造后的东胜区仍然是鄂尔多斯商贸、经济、科技、文化活动中心；入夜时分，伊金霍洛街商圈的三大商业中心车水马龙，熙熙攘攘，交通灯霓虹灯把城市装点得动人、漂亮。楼市浮沉，是金融资本对产业资本获利空间认同和追捧的晴雨表。在煤价大跌、头寸紧张，讲求中短期投资效益的理性阶段，银行贷款、社会游资，自然不会看好功能不全、产业升级和布局调整时空错位的康巴斯新城。

鄂尔多斯的双核城市布局，产业集群园区功能发挥、城市综合体建造、CBD资源聚集、形象塑造，需要有一个高层策划、系统建沟、机理整合、文脉延续的历史进程。需要处理好与金三角呼和浩特、包头，以及陕西省迅猛发展的榆林市在产业错位协同、城市功能互补、生态修复衔接等方面的战略合作伙伴关系。城市形象和城市品牌的塑造、城市精神和城市文化的凝聚，应该回归到比较深的层次和内涵化的层面，引发人们集体的城市记忆和普遍的文化认同，有机延续城市肌理、文化血液、精神基因。离开创新创业环境营造和安居、乐业、宜游城市功能建构，没有精神和文化作依托的城市，总会是一种漂浮的错觉。

6.3　赤峰市

6.3.1　北京后花园，草原第一都

赤峰市，因城区东北部赭红色山峰而得名，位于内蒙古自治区东南部，蒙、冀、辽三省接壤处。这里地处大兴安岭与燕山山脉的交汇处、内蒙古高原向辽河平原的过渡地带，三面环山，浑善达克和科尔沁两大沙地横贯东西，属温带干旱大陆性气候；作为蒙古、华北、东北三大植物区系的过渡地带，植被类型复杂多样。赤峰地质构造独特，地貌特点神奇，是中国优秀旅游城市；草原、森林、山峰、沙漠、湖泊、温泉、石林、冰臼、冰雪等景观地域特色鲜明，有“内蒙古名片”之称，被誉为“北京后花园”、京津的生态屏障。地质遗迹丰富多样的克什克腾世界地质公园、距北京最近最美的草原乌兰布统和全国唯一的红山军马场、世界上唯一的原始沙地云杉林白音敖包沙地云杉林、享有我国第三大天鹅湖美誉的内陆湖达里湖，都魅力独特。近年来，赤峰市的森林草原游、沙漠景观游已成为一项新兴产业。赤峰市还将冬季蒸汽机摄影和达里湖冬捕节办成内蒙古独具特色的知名冬季旅游节庆活动。

赤峰辽代风格博物馆

赤峰是中华文明发源地之一，还是草原青铜文化、契丹辽文化、蒙元文化的聚集区。赤峰具有浓郁的民族风情，蒙古长调抒情高亢，马头琴声深沉悠扬，民族舞蹈热烈奔放。1000 年前，契丹族在这里创立了雄峙万里的大辽王朝，建起了“中国草原

《公主出嫁》雕塑

《摔跤》雕塑

《套马》雕塑

第一都”，现存辽代文物数量居全国之首。清代，这里属昭乌达盟，蒙语意为“百柳”；建起了等级最高、规模最大的清代蒙古亲王府/喀喇沁亲王府。民国时期属热河省，为东北四省之一。1947年中共领导的内蒙古自治区成立，一些旗县归属不断变化；直到1955年热河省撤销，增扩旗、县后设昭乌达盟，划归内蒙古自治区。1983年国务院批准撤销昭乌达盟，建赤峰市；总面积9万平方公里，辖三区、七旗、二县；是一个以蒙古族为主体、汉族占多数的多民族城市，人口占内蒙古二成。

《从草原走来》雕塑

为了把旅游资源优势转化为产业经济优势，建设草原文化旅游胜地，赤峰市先后建成了阿斯哈图国家地质公园、赛罕乌拉自然保护区、达里诺尔度假旅游区、克什克腾文化旅游示范区、赤峰南部文化旅游产业带、上京契丹辽文化产业园、红山文化旅游商贸城和中国印城建设等重点文化旅游项目；新建一批精品旅游景区，推动旅游业与文化产业融合发展，成为京、津、冀、辽地区重要的旅游目的地。旅游业已成长为国民经济的主导产业，成为赤峰市重要的经济支撑。[5]

市区大明街蒙古源流雕塑园，生动的“摔跤”、“套马”、“公主出嫁”、“从草原走来”几组主题圆雕与背景浮雕的有机组合，融合在新型社区、城市规划展示馆、办公楼群之中，表现了对于草原文化的认同与传承；玉龙广场的金属雕塑“草原之风”、赤峰博物馆蓝瓦白墙院落组群和高耸的图腾柱传递的辽代建筑符号，表达了城市文脉的继往开来。

6.3.2 21 世纪城市扩容提质：西移、北扩、东进

赤峰地处东北经济区和环渤海经济区的腹地，是内蒙古东部中心城市。进入 21 世

赤峰市中心玉龙广场的《草原之风》雕塑

纪，赤峰实施生态立市、工业强市、科教兴市战略，努力建成辐射蒙冀辽三省接壤区域的农畜产品生产加工基地、中国北方草原文化旅游胜地、京冀津辽地区重要生态屏障、内蒙古东部百万人口区域性中心城市和内蒙古最便捷的出海通道。

推进工业化、城镇化和农牧业产业化进程，形成了以设施农业、设施畜牧业为引领的农牧业产业体系，以冶金、能源、食品、化工、建材、纺织、制药、机械制造八大产业为支撑的工业体系，以及以商贸、物流、旅游、金融为主导的现代服务业发展格局。按照城市总体规划，赤峰市确定了“西移、北扩、东进、两翼展开、整体提高”的发展思路，把整个中心城市按功能划分为东、中、西三个区。东部以建设工业园区为主，中部老城区以商贸、金融、生活居住区为主，西部新城区以行政、文化、教育及生活区为主。

2003 年启动的新城区建设，坚持“完善功能、提高品位、培育产业、聚集人口、扩大规模、加快发展”的总体思路。发挥新城区“三山五河”优越的自然景观环境特色，建构中国北方地区融“山、河、林、城”四位一体的独特的山水园林城市景观，形成了“九横、六纵、五桥”城市道路网络和“一场、两带、四园”14 条街路园林景观工程大格局。建成了 7 道橡胶坝，形成水面 70 万平方米。建设了龙湾特色美食一条街，万佳购物广场、玉龙购物广场、金钰大都会等商贸设施；玉龙国宾馆、游泳馆、海贝尔游乐场、大漠绿都生态餐厅、旅游纪念品展销中心、浩瀚汽车城陆续建成投入使用。

自 2003 年以来，老城区实施了 205 个市政基础设施建设项目，先后完成了哈达西街、临潢大街、赤峰民航机场、火车站广场改造工程、河道治理工程等项目。赤峰市以扩大城市规模、健全城市功能、优化城市环境、提高城市品位为中心，迈出了“扩容提质”的城市建设新步伐，中心城区建设取得了令人瞩目的成就。[6]

6.3.3　城镇化与工业化互动，产业园区、物流枢纽、生态屏障相得益彰

2013 年赤峰市长回顾过去的五年，综合经济实力实现新跨越。人均生产总值接近全国平均水平。三产业比重达到 15 : 56 : 29。工业经济跃上新台阶，工业占地区生产总值的比重提高到 47.9%；“双千双百亿”工程成效明显，冶金产业提前实现销售收入突破千亿元目标，赤峰经济开发区、宁城经济开发区、玉龙工业园区三个园区和远联钢铁、金剑铜业、平庄煤业三个企业销售收入突破百亿元。农牧业经济实现新突破，集约化种植、规模化养殖、专业化生产模式得到大力推广，农牧民组织化程度大幅提高；设施农业、设施畜牧业、节水高效农业、生态草产业等快速发展，处于全区领先地位。现代物流业迅猛发展，大连万达、北京华联、维多利、红星美凯龙、居然之家、香河

赤峰临水街区

家具等知名商贸品牌入驻赤峰。红山物流园区成为国家电子商务示范基地和自治区现代化综合物流园区。赤峰国际陆港、蒙东云计算产业孵化园、保税物流中心、第三方物流、服务外包等新兴业态项目进展顺利。

再经过五年的努力，赤峰要建成国家重要的有色金属、能源、新型化工和绿色农畜产品生产加工基地，京津、辽沈地区重要的生态安全屏障，蒙东、冀北、辽西地区物流枢纽城市，百万人口区域性中心城市，国家历史文化名城，全国文明城市。

推动城镇化与工业化良性互动、城镇化与农牧业现代化协调发展，走集约、智能、绿色、低碳的新型城镇化道路。按照赤峰市城市总体规划，加快中心城区组团开发建设，推动中心城区西移、北扩、东进，拉大城市框架；推动新老城区同步协调发展，加快老旧小区、棚户区和城中村改造步伐，完善配套服务功能。精心设计重点区域、重要地段建筑风格，打造具有鲜明特色的景观节点。继续实施改老城、扩新区、修环路、保安居工程，加快小新地组团住宅、景观、商业、行政机关及企业总部建设；完善八家组团医院、学校等公共服务配套设施，启动西山生态园一期工程；加快中环路建设，开工建设机场路，开通解放西街；推进桥北组团、松北新区建设。

当你穿行于宽敞笔直的玉龙大街和网格清晰的主干线，现代风格的居民小区、商业建筑、行政设施、学校医院错落有致，色彩明快，尺度体量比较协调，体现草原上崛起的大型工贸城市自信、豁达、自强、奋争、多元、和谐的价值述求。

赤峰与沈阳、北京等历史名城具有较深的经济文化渊源，自古就有“京畿门户”、“旱码头”之称，商业繁盛。赤峰步行街中心商业区，同济商厦、承天商厦、紫旄商厦等主要购物场所是购买蒙古草原常有的特产巴林石为代表的矿物资源等旅游商品的好去处。赤峰市规划加快发展现代物流业，依托红山物流园区，建设总规划面积50平方公里的赤峰物流城，构建现代物流体系；依托煤炭、有色金属、农畜产品等资源优势，打造一批特色物流园区和物流节点。2013年加快了中心城区万达广场、印象红山、上海城二期等大型城市综合体和大型商场、高档宾馆和娱乐服务项目建设；统筹推进赤峰国际陆港、金融物流港、保税物流中心、云计算孵化园区、雨润农副产品交易配送中心、五金机电城二期等现代物流项目，推动赤峰物流城建设，提升中心城区

赤峰市内的居民小区

商贸物流业发展水平。

赤峰市是全国首家生态建设先进市、全国防沙治沙十大标兵单位之一。坚持“生态立市”战略，依托京津风沙源治理二期和三北防护林建设等国家重点工程，抓好沙地治理、水源涵养林建设和低效林改造。保护草原生态，严格执行封育禁牧、休牧轮牧、草畜平衡制度，推动生态环境通过自然恢复实现持续好转。

6.4 克什克腾旗

6.4.1 英雄驰骋疆场的历史 河山湖泊构成的风景

“克什克腾”，蒙古语意为成吉思汗的亲兵卫队。位于赤峰市西北部，内蒙古高原与大兴安岭南端山地和燕山余脉的交汇地带；独特的地理位置、特殊的地质结构造就了美丽神奇的自然景观。这片土地曾经是商族先民聚居地，又是辽代的发祥地之一。

元代在这一带建有应昌路，又名鲁王城，是元代最后一个都城；当时是南接元上都、大都，北连锡林浩特、和林及乌兰巴托的交通枢纽，也是南货北上的聚集地。历尽 700 余年沧桑巨变，盛极一时的昔日皇城只留下断壁残垣。鲁王城边的金界壕横卧于草原之上，是当年女真人为防止蒙古铁骑南下而修建的规模宏大的军事防御工程。几经金戈铁马践踏，连绵的山丘上只留下依稀可辨的土龙状蜿蜒壕堑。克什克腾旗（简称“克旗”）自清顺治九年（1652 年）建置，迄今已有 360 多年的历史，众多民族的英雄豪杰曾在这片土地演绎过辉煌的历史。

红褐色乌兰布统山峰下，草原开阔。清代康熙皇帝曾以 20 万大军打败蒙古残部准噶尔汗国之王噶尔丹。“将军泡子”朝日喷薄、晚霞夕照，如血染的红峰。云里雾里仿佛还有鼓角争鸣与震天厮杀，导引你寻访当年的“十二连营”，寻访英勇战死的康熙舅父佟国纲将军的英灵。克旗的乌兰布统旅游开发区利用山地草原古战场，建成了著名的影视外景拍摄基地。这里曾拍摄过大型电视连续剧《三国演义》、《康熙王朝》、《射雕英雄传》、《汉武大帝》等 50 多部影视剧；京津冀辽的很多发烧摄友驴友来这里欣赏实拍万马奔腾，深刻体会策马扬鞭的豪情。[7]

克旗西部的贡格尔草原，每年 6、7 月间水草丰美，成群的牛羊如点点繁星布满草场。蒙古族牧民举办传统的民族盛会那达慕，庆祝牧业丰收，祈盼风调雨顺，招待八方来客。有机会欣赏草原牧民套马的雄姿，就会深深地理解草原文化的内涵。

贡格尔草原上的达里诺尔湖，湖面广阔，草甸、湿地发育良好，是北方候鸟迁徙

晨曦中的乌兰布统古战场

的生命驿站。蒙古语“达里诺尔”意为“大海一样的湖泊”;作为内蒙古第二大内陆湖，素有“中国天鹅湖”之称。自 2007 年克旗举行首届“内蒙古克什克腾旗达里湖冬捕旅游节”以来，每年 12 月中下旬冬捕开始，渔民们在湖边祭祀湖神、唤醒冬网，奉拜天父、地母，保佑万物生灵永续繁衍; 2011 年达里湖冬捕习俗被列为民俗类非物质文化遗产名录。

达里诺尔湖南岸、曼陀山边，是我国四大沙地之一浑善达克沙地，“曼陀”寓意神仙居住的地方。浑善达克沙地东北部的白音敖包国家级自然保护区，生长着目前世界上仅存的一片沙地云杉林。被称为“生物基因库”、“生物活化石”，是我国云杉母树繁育基地。

发源于浑善达克沙地边缘的西拉沐沦河，全长 1250 公里。作为北方民族的摇篮，孕育出红山文化、草原青铜文化、辽契丹文化、蒙元文化。西拉沐沦河是一部流动的

贡格尔草原上的蒙古包

北方民族繁衍生息的历史长卷，千百年来，人们世世代代在两岸生息繁衍，创造了光辉的历史和灿烂的文化，留下了数不尽的绮丽传说。

在克旗东部，从北到南，依次分布着第四纪冰川遗迹：阿斯哈图石林、大青山岩臼和平顶山冰斗。大青山山顶南面花岗岩地貌类型青山岩臼，大小 1000 多口石坑，被世人称为“神奇的盆景”。2002 年，克什克腾第四纪冰川遗迹晋升为国家地质公园，2005 年被联合国教科文组织评为世界地质公园。

6.4.2　发掘地域优势，打造旅游品牌

地处浑善达克和科尔沁两大沙地汇合处的克什克腾，一度因脆弱的生态环境和原始的生产方式而被列入国家贫困县。“十一五”期间，克旗以“全市的工业强旗、全区

生生不息的贡格尔草原

的牧业大旗、全国的旅游名旗”为发展定位，坚定不移地实施“生态立旗、工业强旗、牧业富旗、旅游活旗、科教兴旗”战略，带领克旗人民向着富裕和谐的美好生活进发。

穿旗而过的集通铁路，被国际蒸汽机车协会理事史提夫先生称为“目前世界上最好的蒸汽机车摄影胜地”。1995 年，集通铁路公司先后从全国各地收购了 120 台本已退役的蒸汽机车，让它们又在集通线上继续奔驰了 10 年。2007 年起，克旗政府举办克什克腾国际蒸汽机摄影节，让喜爱蒸汽机车的人能在克什克腾的铁路线上看到真实的、飞奔的蒸汽机车，回味蒸汽动力那个时代。

克旗已经建成以达里湖为中心的贡格尔草原风情旅游、以热水塘为中心的温泉康乐疗养度假旅游、以乌兰布统古战场为中心的草原生态旅游、以青山岩臼园区为中心的古地质遗迹和历史文化旅游、以经棚为中心的西拉沐沦旅游五大旅游区域；形成世界地质公园地质地貌、沙地云杉、达里湖、黄岗梁国家森林公园及国际狩猎场、贡格尔草原、乌兰布统坝上草原、西拉沐沦河、桦木沟森林风光、热水塘神泉、蒙古族游牧文化十大旅游景观。紧紧围绕自然生态、历史文化、民族风情三大主线，形成了以草原森林风光、世界地质奇观、蒙古民族风情、蒙元历史文化为主体的多样化旅游产业体系。

坝上草原万马奔腾

“十一五”期间，达里湖景区晋升为 AAAA 级景区，地质公园博物馆晋升为 AAA 级景区。克什克腾旗被中国摄影家协会命名为“全国摄影家创作基地”，被自治区旅游局评为中国旅游强县。克旗始终把旅游业作为支柱产业加以培育和发展，提出了“打造全国生态旅游名旗”的发展目标。编制了《克什克腾旗旅游业发展总体规划》和重点旅游景区概念性发展规划；完成了《阿斯哈图景区详细规划》、《达里湖景区概念性规划》、《黄岗梁旅游区总体规划》和《乌兰布统旅游区总体规划》，以更新的思路、更高的水平勾画了克什克腾旗旅游业的发展蓝图。突出整体形象宣传，集中打造“山水草原、北方石林”旅游品牌。

按照“搞好规划，叫响品牌，建好景点”的工作思路，突出规划的超前性、科学性、生态性、适应性。以需求偏好、娱乐性、参与性等专题旅游和特种旅游，克旗着力开发新一代旅游产品，注意旅游文化展示、旅游商品开发、民俗民风挖掘、探险科考基础打造、休闲娱乐等方面的创意和创新，创造出独特形象和与众不同的个性特色，引导旅游消费。

克什克腾旗聘请北京清华城市规划设计研究院、上海同济城市规划设计研究院等专业机构，编制“十二五”旅游发展规划，进一步整合旅游资源，突出“探索者天堂”的基本旅游形象，着重六大景区的品牌化建设，开发观光、度假、休闲、文化、商务及特色系列旅游产品，打造旅游新品、旅游精品和旅游极品，提升旅游产品水平和旅游目的地竞争力。

根据克什克腾旗主体旅游资源的自然分布情况，在空间布局上构建为“一心十区”。把克旗政府所在地经棚镇打造为克旗旅游集散服务中心，建成十个特色旅游区：①以乌兰布统、贡格尔草原和热水塘为基地的草原观光休闲度假旅游区；②以青山岩臼园区、阿斯哈图石林园区为中心的地质奇观旅游区；③以小红山子、关东车、桦木构、星星塔拉等为基地的乡村休闲度假区；④民族风情旅游区域；⑤生态休闲旅游区；⑥体验旅

克什克腾旗经棚文化广场

克什克腾旗经棚体育广场

游区；⑦历史文化旅游区；⑧节庆旅游系列：以国际蒸汽机车摄影节、达里湖冬捕旅游节、银冬驼文化节、草原文化旅游节、那达慕大会、网络形象大使选拔赛、滑翔伞国际邀请赛等大型活动为依托，不断提高节事活动的综合效应，努力打造节庆旅游品牌；⑨工业旅游区；⑩商贸旅游区。

以“绿色克旗，休闲城镇”为目标，将经棚镇打造成为一个蒙古族特色浓郁的旅游休闲城镇。主要建设项目有：①经锡路商业街建设、回民小区、宗教文化商业街建设、马术公园、高档居住区、中档居住区、山地公园、滨河公园建设；②湿地公园、旅游接待区、民俗公园及气象保留用地建设；③克旗旅游数字化管理系统建设；④克什克腾旗民族风情一条街建设。

6.4.3　实施资源转换战略，全面推进工业化、信息化

克旗顺利完成了由牧业大旗向生态牧业强旗的转变，以绿色品牌食品支撑而兴起的旅游畜牧业已成为当地农牧民增收致富的不竭财源。全旗实行舍饲圈养、休牧、划区轮牧、草畜平衡等生态措施，发展生态牧业，全力推进畜牧业由数量型向效益型的转变。雨润食品工业园综合项目落户克旗，改进克旗的畜牧业生产方式，拉长畜牧业生产的产业链条，引领农牧民增收致富。克旗专项推进以种畜育种繁育、肉羊肉牛产业化为重点，以原生态草原特色为品牌的生态畜牧业产业体系，走出了一条良种化、规模化、产业化、市场化的畜牧业可持续发展之路。

校园里的小小马头琴手

克旗在“十一五”期间，依托资源优势优先发展矿业，走上工业强旗的振兴之路。大唐国际克什克腾煤制气项目，是提升煤化工产业层次，延长产业链条，推动产业延伸升级的大手笔之作，建设主干线为 381 公里的天然气输送管路，直通北京。

草原的飞腾

“十二五”期间，积极实施资源转换战略，加快产业空间集聚，着力

构筑主导产业清晰、支柱产业强壮、核心企业带动的现代工业体系，全面推进工业化与信息化的有机融合，努力形成布局合理、特色鲜明、优势集聚、竞争力强的新型工业发展格局，带动县域经济实现跨越式发展。发挥比较优势原则、强关联和高增长原则、可持续发展原则、集群化发展原则，紧紧围绕工业园区和资源富集区，以大项目为核心，突出煤化工、冶金和风电产业，努力实现产业的集群化发展，提升产业的带动力和影响力。要用五年的时间，把工业园区打造成为蒙东地区重要的煤化工基地、金属冶炼基地、新型建材基地。以农副产品加工、深加工和物流园区建设为龙头，全力打造非资源产业基地。[8]

克旗聘用一流专家编制特色突出的旅游发展规划，是明智之举；在实施过程中如果能够注意建筑、景观、环境、交通的系统建构，注意历史文脉的延续、民族建筑语汇和地域文化符号的时代展现，全国旅游名县强旗必将大放异彩。

参考文献

[1] 呼和浩特：塞外青城、中国乳都. 2012-09-03，人民网.

[2] 鄂尔多斯：西部科学发展之花. 2012-08-27，人民网.

[3] 从鬼城看中国城市规划的裂缝 [N]. 环球时报，2012-11-14，加拿大广播公司网站.

[4] 海南与鄂尔多斯大不同. 2013-01-08，每日经济新闻.

[5] 赤峰市被授予中国优秀旅游城市称号. 2007-11-23 http：//www.sina.net 赤峰市人民政府.

[6] 赤峰打造内蒙古东部百万人口区域性中心城市. http://www.sina.net 2007-11-26，赤峰市人民政府.

[7] 朱莉莉 . 忽闻塞外有天堂：走近克什克腾. 人民网，2012-01-10.

[8] 克旗人民政府. 克旗工业“十二五”期间发展方向及措施. http：//www.sina.net，2012-04-27.